心尖上的黑天鹅

治愈
内隐的
心伤

周周
—
著

古吴轩出版社

图书在版编目（CIP）数据

心尖上的黑天鹅 ：治愈内隐的心伤 / 周周著. --
苏州 ：古吴轩出版社，2020.8
ISBN 978-7-5546-1576-8

Ⅰ. ①心… Ⅱ. ①周… Ⅲ. ①心理学－通俗读物
Ⅳ. ①B84-49

中国版本图书馆CIP数据核字(2020)第125131号

责任编辑：周　娇
见习编辑：任佳佳
策　　划：柳文鹤
装帧设计：尚燕平

书　　名：心尖上的黑天鹅：治愈内隐的心伤
著　　者：周　周
出版发行：古吴轩出版社
　　　　　地址：苏州市十梓街458号　　　　邮编：215006
　　　　　电话：0512-65233679　　　　传真：0512-65220750
出 版 人：尹剑峰
经　　销：新华书店
印　　刷：天津旭非印刷有限公司
开　　本：880×1230　1/32
印　　张：8
版　　次：2020年8月第1版　第1次印刷
书　　号：ISBN 978-7-5546-1576-8
定　　价：48.00元

在写这本书之前，我分别找到身边的几位男士和女士，请教他们"什么叫幸福"这个问题。男士们的回答差不多，几乎都是关于事业成功、积累财富、可以有自己的空间……诸如此类有很大差别的答案，而女士们的回答则集中在家庭和睦、老公事业顺利、孩子学业有成、父母健康长寿等方面。

现代社会的发展让女性群体拥有更多的发展空间和机会，无论是社会还是职场，都有越来越多的女性变得独立、优秀，活得也更漂亮，以至很多人觉得女性迎来了属于自己的时代，但这样的观感并不能代表全部。仍然有很多人不能为自己而活，也谈不上自由。仍然可以看到，很多女性的时间和精力被分割，留给自己的所剩无几。那么促成很多女性活在这种模式的深层原因有哪些呢？

第一，文化积累的影响。

我们的社会在相当长的历史时期里，都是男性主导的男权社会。女性没有与男人一样的选择权，甚至没有学习机会，生活的重心先是婚姻，然后是家庭，服务家庭成了女性终生的事业。这在一定程度上奠定了女性无自身价值的基础。

虽然回看历史似乎显得久远，但带来的影响是难以完全消除的，而这个影响直到今天仍然存在，看不见摸不着，却仍然在牢牢地控制着很多人的认知和行为。我的一个朋友说自己的母亲对父亲就是无条件服从，受尽委屈却从不反抗。朋友的父亲并不是恶霸，但朋友母亲的外婆曾经是个童养媳，一辈子在婆家受尽欺凌，大气都不敢出，在朋友母亲很小的时候，她便去世了，然而她委曲求全、没有自我的样子，却内化到了朋友母亲的潜意识里。这种人类历史进程对性别的定位和不断塑造，在很大程度上影响了女性的价值认同，无形中让很多女性选择自动放弃了自我。

第二，童年和原生家庭的影响。

关于童年隐形创伤，这里要说的是我自己。如果单纯回看我七岁之前的经历，除了家庭条件不够好，其实并没有什么重大的创伤。但我在青少年时期为什么会非常焦虑和自卑呢？

原因是在我还没出生的时候，家里已经有了四个女儿，本来父母不打算再多要一个孩子，但非常意外地有了我。母亲为此焦虑不已，一方面害怕父亲嫌弃又多了一个女儿，周围人会笑话我们家；另一方面又担心生活负担太重。所以从我还在子宫里的时候，我的生存环境就充满了焦虑的气息。在我出生时，其实就已经种下了不安的种子。

这段经历给了我两个重要的影响。一个是恐惧死亡，我从六至二十四岁的十八年里，经常会做关于死亡的噩梦，半夜惊醒后发现泪水已经打湿枕头。另一个是我觉得自己是个多余的人，是被父母很不容易又很不情愿留下来的，这让我的价值感很低，不敢和父母提任何要求，在外面也不敢和别人大声说话，对朋友只懂得付出和讨好。从我自己的经历上就能看出，如果一个人在童年时期遭遇了特殊事件，这些事件的影响又没有人可以分担，那会对他的人格造成很大影响，最明显的是安全感和价值感会被剥夺。

关于原生家庭，在心理学上有个说法是这样的，父母在你七岁以前如何定义你，那你多半会在后来的人生里也那样定义自己。追溯很多女性的成长经历，有两个原因在削弱她们的自我价值认同。一个是家庭里仍旧有重男轻女的思想。2019年引起广泛关注的电视剧《都挺好》里，姚晨饰演的苏明玉就是被极度重男轻女的母亲精神虐待，导致成年后虽然事业有成，在工作上雷厉风行，但在生活里仍旧缺乏安全感，仍旧觉得自己很糟糕。

另外一个原因是父母的教育方式不当。教育方式不当包括言语的攻击和否定，比如总是拿孩子的不足和其他孩子的优势做比较，总是在有意无意地对孩子说类似"你是不够好的"这样的话。父母是孩子的"催眠师"，当父母重复对孩子表达不满意的态度，孩子会慢慢接受并在心里开始相信父母传达出的信息，认为自己真的不够好，是没有价值的。

第三，成长中的外部创伤事件。

我认识一个读者，她是家里的独生女，在十五岁那年，她因为被一个老师当众辱骂，产生了严重的心理创伤。她当时就读的是一所寄宿学校，有一天晚自习的时候，她碰巧在楼道里遇到一个男同学，两人有说有笑地走进了教室。没想到那天班主任心情很差，看到一对男女生说说笑笑地走进教室，当场就发火了，当着全班同学的面呵斥他们："你们要搞对象就回家搞，不要在这里败坏班级的风气！"不仅如此，还把他们赶到走廊上罚站。在一个小时的时间里，他们承受着来自其他同学和老师的议论。这件事对十几岁的孩子来说算得上是毁灭性的打击。而当时父母刚好都不在场，没有人给到她及时、有力的支持，导致这个女孩后来产生了社交障碍，对自己也没有任何正面的评价。

　　遗憾的是，当她无法面对陌生人、无法出席公开场合时，她并不会认识到这是她曾经受到伤害的结果，反而责怪自己懦弱和胆小。这就是低价值感的人最令人心酸的地方，在不认同自己的同时，还会不停地打击自己。那么，蜕变之路到底应该从哪里开始？

　　这本书将会从四个部分来呈现我们的蜕变之路。首先，检索我们的价值部分。我们到底是谁？为什么我总是觉得自己不够好？我明明付出很多，得到的为什么总是没有别人多？其次，通过检索我们人际关系互动模式来更深刻地认识自己。我为什么会如此想讨好他人？为什么我总是得不到好的关系？有什么办法可以让我在人群里更加自在？再次，到爱情里看看自己。通过对亲密关系的探索，看看自己都有哪些困扰，然后掌握拥有良好亲密关系的技巧。最后，是释放和疗愈。通过联结童年，释放过往创伤经历的影响，修正信念，给意识调频，让伤口愈合，让自己重新找回创造喜悦的能力，继而真正爱上自己，成为自己人生的主宰。

　　这是一本帮助人成长的能量之书，请允许我带着你一起去回溯和探索，最终让我们一起去迎接生命里最灿烂的那道光芒。

目 录

Chapter 3 轻视自己，如何换来伴侣的重视

Chapter 4 治愈心伤，活出自己的万丈光芒

Chapter 1

谁在定义你的价值

你会如何给自己评分

从小到大，我们就一直在接受各种各样的评分，学业的、品德的、行为规范的，等等。长此以往，我们的身上就有了很多无形的标签，有的代表及格，有的代表优秀，有的是卓越，有的则代表你仍需要努力。有意思的是，当我们长大之后进入社会或是组建自己的家庭，虽然不会有人再对我们"贴标签"，但是我们却非常擅长给自己评分。

具体的打分领域，可以分为以下几个部分：

第一部分就是职场。大概是我从小在家庭里给自己的定位是"多余"的原因，我到哪里都认为自己是不重要、不优秀的。从湖南来到上海之后，我曾经在一个外企做客服支持的工作，虽然不是与核心业务相关的职位，但里面也不乏发展机会。我们平日工作的内容包括母婴喂养方面的指导，因为我有医学背景，又擅长交流，所以干得还算不错。但这是我擅长沟通的天性带来的，并不是我热情投入工作的结果。

某一天，领导问我是否愿意尝试做培训师，把好的沟通技巧分享给更多的人，我立马就退缩了。领导并没有因此放弃，过了几天，竟然直接把我拉到几个预备培训师行列里，要我参加集中培训。当时，他在介绍完流程后问我们："你们觉得这个事情无聊吗？有信心吗？"只有我冒出一句："是的，很无聊，我没有信心。"说完之后，转身就走了。

事后有同事问我："你为什么要放弃啊，你不觉得你是个好培训师的料子吗？"我回答："我如果做培训师，肯定不会及格的。"这就是当时我对自己"铿锵有力"的评价。我把它当作一种与众不同的洒脱，其实是我内在对自己的评分太低，缺乏勇气。我不是不愿意和他人一起去学习，而是害怕学习之后会遭遇淘汰。

这就是低价值感的人普遍的内在逻辑，那份洒脱是硬撑出来的，表面不在乎的背后，是深深的自卑和畏惧。这样的状况，多次在我的工作中出现，导致我在十几年间换了很多次工作，自身各方面并没有得到多少提升，也没能在一个地方坚持下来。

同样的情况也发生在我的一个闺密身上。闺密乔在一家保险公司工作了近十年，后来公司因调整，要搬到离她家有两个小时车程的地方。我以为闺密会马上跳槽去其他公司，因为她的业务能力很强，换工作对她来说并不难，何况家里还有一对双胞胎女儿要她照顾。结果她并没有走，这意味着她每天早上六点半就要出门，晚上八点才能回到家，这样的工作强度对她自己和家庭都是很大的困扰。我问她为什么不跳槽，她无奈地说："你看我人又胖，口才又不好，跳到外企我不会英文，所以我还是待在原单位，吃点苦也忍啦。"这就是她对自己的评价，认为自己没有资格选择更适合自己发展的工作，只配接受命运的安排。

第二部分是容貌。如果让你给自己的外貌打分，你会如何评判呢？有些人肯定回答："这有什么好问的啊？大众的审美都是差不多的，大眼睛、高鼻梁、白皮肤的女孩就是漂亮啊，其他的女生就是各有各的优势啊！"其实不然，我曾看过一个选秀节目，选手都是清一色的年轻、漂亮的女孩，可如果你仔细观察她们的神态，就会发现她们每个人都很不一样。

　　有一个女孩可以算是其中最漂亮的一个，但可以明显看出她在舞台上表现得最为紧张。她虽然很努力地演唱，但唱到高音时总是缺了一点力量，后来被淘汰了。后台的记者采访她："你的形象很好，音色也很棒，你认为自己为什么没有被选中呢？"女孩无奈地说："因为我身高不够，我妈曾说过我要是再高三厘米就更好了。"记者又说："谁告诉你妈说我们的选拔对身高有特别的要求呢？如果是这样，我们主持人都没有资格主持哦！"原以为这个说法会让女孩释然，没想到女孩依然认为："那是因为主持人全方位都很优秀，不像我，只会唱歌。"

　　听到这番对话，我当时就悟到了一个道理：当一个人的内在形成了某个逻辑，这个逻辑就成了她人生中的固定公式，很难改变。如果一个人认定自己的形象不好，你无论怎么夸她，都是无效的陪聊而已。反之，如果一个人从小就对自己的形象欣赏有加，尽管她并不是标准的美女，但她仍旧能够不顾他人的眼光和评判，活出属于自己的灿烂的样子。

　　著名的模特吕燕，按照中国传统审美的标准来说，她除了身材高挑，五官都是非常平凡的，眼睛小，鼻子平，嘴巴大，脸上还有不少的雀斑。据她说，自己从小到大都没有机会被人家称为美女，但自从走上模特的道路，她成了西方人眼中不可多得的美人。当然，这其中吕燕对自己的评价是至关重要的。无论小时候其他人是否夸奖自己，她都从未觉得自己是不好的，是丑陋的，所以才有机会走到大的舞台，和一群又一群美人一起PK，仍旧可以抬起骄傲的头颅，绽放自信的笑容。因此，我们说世界无真正的美丑，只有个人对自己容貌千差万别的评分和定义。

第三部分是情感关系。如果你还未婚，你对自己未来的伴侣有过什么设想呢？关于他的外貌体形、家庭出身、文化学识和收入水平。如果你已经结婚，你可以回忆一下，你曾经是按照怎样的标准寻觅你的爱人呢？回顾之后就会有很大的发现——你目前对婚姻的满意程度取决于你当初的择偶观，而这个择偶观背后，是对自己在情感方面驾驭能力的评价系统。

我的一个读者圆圆，在大学时曾被很多的异性追求，包括有着"富二代"标签的公子哥儿、才华横溢的学生会主席，还有家世很好的同学。按照她室友的话说，圆圆闭着眼睛挑一个，婚后都能够幸福无忧了。但是圆圆不这么认为，虽然在别人眼里她是优秀的，但是她对自己的评价低过很多人，她认为自己不配找太优秀的男孩，认为自己没有能力让他们对自己死心塌地。后来，她找的老公让很多人大跌眼镜，是一个从大山里出来的男生。大家惊讶的并不是物质条件上的落差，而是两人之间的巨大差异。男孩家庭负担重是肯定的，但关键是，他是个典型的技术宅男，缺乏良好的沟通能力，这对两个人的婚姻是容易产生负面影响的。

结婚之后，两人赚的钱大部分都要寄给老家，他们的生活总是显得捉襟见肘。男孩希望圆圆无条件支持他照顾父母和妹妹，但圆圆希望有机会可以享受生活。在需求无法得到同时满足的时候，两人之间的各种冲突不断。经历几次激烈的争吵之后，她问我："老师，为什么我找了一个这么普通的男人，却还过得如此鸡飞狗跳呢？"我说："你当初有那么多选择，是什么原因让你选择他呢？"圆圆道出了自己的心声："因为我总觉得自己不够好，那些太过优秀的男人我是抓不住的，就安分守己地找了个老实人过日子，却没想到我连这样的男人都处不好。"

价值感低、缺乏自我认同导致很多明明外部条件很优秀的女性在择偶和婚姻上，无法遇到优秀的男人。殊不知当一个人对自己评价过低时，就相当于给伴侣一个提示——我不够好，请多担待。对方得到这样的信息后会怎样表现呢？真实地来说，他是很难更加珍惜你的，哪怕在追求你的时候会很热烈，一旦对你自己的内在评价系统有所了解，很快就会无视你的需求，甚至会因此冷落你。更可怕的是，你会因此陷入一种恶性循环，又一次证明自己因为不够好而不被珍惜，然后更无法准确地对自己做出评价。

"我们对世界的好感，源自我们对自己的好感。"当我在一本书里看到这句话的时候，被深深触动。为什么那么多的人会不快乐呢？有的人在职场里受挫，有的人在情感里受伤，有的人甚至会因某天穿了件不合体的衣服而懊恼和自责不已。这一切到底是怎么造成的呢？主要有以下几个方面：

第一，家庭成长环境。

著名的心理治疗大师萨提亚认为：人是家庭塑造的产物，每个人今天的生活模式、亲密关系乃至个人信念价值观的形成都与自己成长的原生家庭息息相关。以我自己举例，我生活在一个多子女的家庭里，是家里最小的孩子，我家的经济条件一般，父母的工作又都很繁忙，无暇顾及我的感受和需要。另外，几个姐姐要么聪慧可爱，要么口齿伶俐，唯有我黑黑瘦瘦的，弱不禁风的样子，根本看不出有什么优点。所以我从小就产生了很严重的自卑心理，除了认为姐姐们都比我优秀外，还认为父母之所以那么忙碌是因为多了我这份开支。

我知道有很多孩子是在比我更加糟糕的环境里长大的，单亲、留守、在父母的负面影响下生活等，这很大程度上都会导致他们把家庭的一切困难和纷争内化为自己的错，对自己的评价就会超乎寻常的低。

第二，创伤性事件。

除了原生家庭不理想之外，外部创伤事件也是低价值感的重要原因之一。著名的作家，也是心理学家的毕淑敏就有这样一段经历。在她读小学时，有一次，学校组织歌咏比赛，她很荣幸被音乐老师亲任指挥的合唱队选中。在一次排练中，她因为自己的音准问题，被老师当众严厉地批评，责怪她"一颗老鼠屎坏了一锅汤"，并当场将她除名。后来，又出于小合唱队的声部平衡和队伍的整齐等考虑，音乐老师不得已，让毕淑敏回到队伍中，但要求她合唱时只能张嘴，绝不可以发出任何声音。怕她领会不到位，老师还特意将食指笔直地挡在毕淑敏的嘴唇间，以示禁令。合唱队在歌咏比赛中取得了较好的成绩，但毕淑敏却遗下了不能唱歌的毛病。老师那竖起的食指，似乎锁住了她的喉咙，凡是用嗓子的时候，她都会逃避退缩，更不用说唱歌的信心和兴趣了。也许在别人看来这并不是什么大事，但对亲历者的影响却是巨大的，尤其是对一个孩子来说。

第三，自己对某些生活事件的解释。

事情本身并没有意义，一切的意义是人类自己赋予的。据一些心理学家研究表明：一个孩子在面对家里发生的负面事件时，会主动将错误归结到自己的身上，并产生一定程度的愧疚感和自责情绪。比如父母的吵架或是其他的突发性变故，这些情况都会使我们对自己的评价变得很低。就像当我得知父亲因为我的出生而被降低工资时，潜意识里就产生了很深的愧疚感，这份愧疚后来泛化为我认为自己不好和不配得到好的东西。这些感受曾经深深地影响了我自己的价值感。

以上是对于一个人的低价值感的原因探索，也是对我自己一些成长经历的回溯。在本书接下来的内容里，我们会对这些普遍的问题进一步地探索，并对如何改变加以阐释。请带着耐心和好奇，跟着我一起慢慢来吧。

外在很优秀，内在仍然不快乐

在知乎上面看到这样一句话：现在优秀又努力的女性越来越多了，但是与她们的努力和优秀表现成反比的，是她们脸上的快乐越来越少了。我非常认同这个观点，在我的读者群里，就有很多优秀的女性，她们的学历很高，事业也有一番成就，其中不乏财务总监、销售总监、翻译师、高级教师、创业成功者等，但是她们对我说过类似"人生真没有意思"或是"我活得好累"这样的话。

我明白她们所说的累有双重含义：一方面是身体上的，另一方面，更重要的是心理上的。比如我的一个读者林枫，她有自己的公司，年收入几百万，已经实现了财富自由，但她除了和几个客户来往之外，既没有很要好的朋友，也没有亲密的爱人。除了享受金钱给她带来的便利与快感，更多的时间还是要去面对自己的孤独和彷徨。她不知道这一辈子怎么安排，也不知道未来要和谁一起度过。

另一个读者从小就是学霸，毕业后又考上了公务员，这些都是按照父母的要求完成的，完成之后她却发现，自己并没有感受到任何的快乐。

第三个读者，她是个独身主义者，刚开始和我聊天的时候，呈现出非常阳光和自信的一面，聊过几次后，她极富攻击性的一面就表现出来了。她之所以能做到销售总监，之所以拼了命要拿下订单，根本不是为了要获得金钱和领导的认可，而是要打败身边的那些男人。因为她从小就生活在极度重男轻女的家庭里，自己的哥哥拥有父母绝对的爱和关注，她把自己的怨恨藏在了心里，后来又投射到所有的男性身上，继而有了自己的人生目标——胜过身边所有的男人。

遗憾的是，这三个读者都表示，除了工作上有获得感和成就感，她们的内在却并不快乐。是什么原因呢？

第一，延迟满足的误导。

很多人在小时候都有这样的经历：当我们向父母要玩具或

是糖果时，父母通常会提个要求来作为交换条件，比如，下次考试每科成绩都要是100分或者××比赛得到一等奖，又或者今天要比昨天提前半个小时写完作业。很遗憾的是，我们最后往往得不到这个东西，父母会借此机会定一个并不容易完成的目标，他们以为这是一种鼓励，期待孩子会在这样的鼓励下取得一个很大的进步，但不是所有人都能做到。

如果这样的情况反复发生，就会让人产生一种沮丧感，并且不再努力，更严重的，会让孩子觉得自己不配得到自己想要的东西。长大以后，虽然我们拼尽全力去让自己取得一些成绩，但遗憾的是，我们却因为小时候形成的认知，像父母那样永不知足，总是希望自己做得更好，而完全忽略了自己的感受。

第二，我不能随便快乐。

如果我问你快乐需要哪些理由，你肯定会认真思考，然后给出几个答案。那么，我可以认定你一定很少体验真正的快乐。而且我知道，你可能有过类似这样的童年经历，当你某天在哈哈大笑的时候，你妈妈严肃地问你："你干吗这么开心？你的考试成绩又没有名列前茅，也没有在比赛中得到奖杯……"在妈妈的质疑声中，你接受了一个事实：快乐是不被允许的，是需要条件的。所以，你就记住了，每逢你想要开怀大笑的时候，你就把自己控制住了，你甚至会批评自己：你有什么了不起的，这有什么好笑的。然后，你慢慢地就失去了快乐感，或者说你忘记了怎样快乐。在一次次成功压抑自己之后，你会发现：即使你对着很会搞笑的人或者听一段令其他人都捧腹的相声，你都无法做到开怀大笑。原因就是你认为快乐一定要和某个成就有关：除非我刚刚取得了一个非凡的成就，否则我就没资格笑。

我的几个读者都是如此。她们拼命地攀登事业的高峰，不为别的，只是为了能够正大光明地快乐。可悲的是，当她们真的取得某些成就以后，却发现自己非但没有感受到快乐，反而开始焦虑。万一接下来不能成功怎么办？很快，她们就又陷入沮丧和自责的情绪之中。

第三，对自我身份不认同。

我很喜欢一部美剧，名字叫《我们这一天》，故事讲的是一个怀着三胞胎的妻子，分娩后意外地失去了最小的儿子，机缘巧合下，夫妻俩收养了被遗弃的黑人小孩。养育过程中，尽管父母呕心沥血，但是三个孩子都出现了不同的问题。黑人小孩知道自己不是亲生的，所以力争优秀要获得父母的关注和肯定，事业有成的他一直对被生父抛弃的事耿耿于怀；亲生的儿子虽然有着英俊的外形、很棒的社交能力，但在家里他得不到父母的关注，原因是父母的精力一部分放在了领养的孩子身上，一部分放在了家中唯一的女儿身上，忽略了他的需要，他就通过做一些叛逆、出格的事情来引起家人的关注；而备受关注的女儿也有困扰，她虽然是父母的掌上明珠，但她深受肥胖症的困扰，这与母亲的婀娜多姿形成强烈的反差，她常常感到自卑和羞愧，即使遇到自己深爱的男人，也无法勇敢去爱。

这部美剧是很有现实意义的，从剧中人物身上我们会发现，当一个人在自己的原生家庭里遇到一些困难，或者自己对过往的经历有些理解偏差之后，自我认同就会出现问题，继而引发一系列情绪和情感的困扰，甚至是陷入痛苦之中。

那么，这一切该如何改变呢？

第一，及时满足自己。

有这样一句话，我们要把童年里缺失的心理营养补回来。当童年里我们很多物质的“想要”都被以各种理由拒绝，或者在我们无法满足父母的期待，这些物质需要就被“没收”了之后，我们就会觉得自己不配拥有，并且感到沮丧和失落。成年后，当我们具备了购买能力时，我们可以随时去买曾经喜欢而不能得到的东西，去拥抱和安慰那个被拒绝后失落的小孩。让他知道，他是如此值得，值得被呵护，值得被允许！那我们内在因被拒绝而受伤的部分就会得到疗愈。

第二，及时行乐。

及时行乐，不是得过且过，不是放弃责任，而是培养出对日常生活的敏锐的觉察力。比如我做成一件很想做的事情，我见了一个很久不见的朋友，攻克了一个难题，甚至只是在出门的时候感受到了阳光照耀，微风吹拂……此时，可以立刻停下来，去感受内在真实的感动和喜悦。

这个过程非常奇妙，不需要外人的陪伴和参与，也不需要一个很大的仪式来辅佐，只是你在每个当下的瞬间，给到自己一个理由连接自己，去品味快乐。就像我养了一盆花，许久都没有开，突然有一天，我看到了花蕾，心中顿时涌出一阵感动和喜悦，我感悟到生命的美妙，以及一份等待后的收获。之后，我开始尝试把这种对花草细致的观察和体悟迁移到其他方面，我发现，人其实并不需要刻意追求什么成功和卓越，只要让自己的内在去连接万物，快乐和感动就会源源不断地涌现出来。

第三，修改心灵地图，确认自己值得。

"你是有多不在乎自己，才会拿那么多精力去恨别人？"这句话听起来好像很奇怪，恨别人怎么是不在乎自己呢？其实，如果你仔细回顾就会发现这句话很正确。当你恨一个人，对一个人怒气冲冲的时候，你的理性和快乐就全都不见了，你的身心仿佛都被对方带走了，你的能量也被这个强烈的恨意给稀释了。

曾经遭受过许多不公平和不友善对待的你，如果选择用怨恨来和自己的这些经历相处，就无法快乐地度过人生。所以，我建议你做一件事，就是放下这个恨，将牵绊于过去经历上面的那些焦点转移，把能量收回到自己身上。然后想想，抛开那些过去，我现在可以为自己做些什么？

比如那个对男性有抵触情绪的读者，我建议她多接触一些男性，试着去了解他们不同的一面，不带任何成见地去和他们相处。慢慢地，她会明白对方只是自己的假想敌，人家对她从来没有任何的恶意。反之，他们很愿意表达对她的欣赏，她也因此开始放下自己的防御，弱化自己的攻击意识，更加轻松地做自己。轻松，是一切快乐的前提。而那个从小按照父母期待和标准而活的女孩，我建议她重新发现生命的热情和兴趣，带着勇气去实践。她经历了半年的思考，也找到了自己真正的兴趣。她决定重拾童年喜欢但被父母拒绝的舞蹈，每周去舞蹈房练习两次，在挥汗如雨的同时，她找到了失去已久的快乐。

这样的事例很多，放开童年的束缚，重新为自己负责是我们创造快乐的根本。当你拼了命去实现自己的价值，也取得了一些成绩却仍旧不快乐，你可以停下来重新思考一下：自己为什么要这么努力？到底想证明和实现什么？你是真正认同自己的吗？

当答案出现之后，你可以通过及时满足、及时行乐，以及调整身份认同来做出应对。慢慢地，你就会发现，本来很优秀的你，原来可以这样简单地拥有快乐，你的人生也因此更换了底色。

为了父母的一句肯定，她等了三十年

　　叶子是个安静的女孩，在我的读者群里很长时间了，从来没说过话。有一次听我分享完亲密关系的微课以后，她主动向我求助，说自己不知道如何和丈夫和睦相处。

　　叶子说："我努力工作，包揽所有的家务，还把工资都交给老公，但就是这样付出，老公却还是对我不满意，一天到晚挑我毛病，你说我是不是很委屈？"

　　我问她："你老公经常指责你吗？"

　　她说："是的。"

　　"当你听到这些指责的时候，有什么感受？"

　　叶子答道："很生气，很委屈。"说到这里，她开始哽咽了。

　　最后我问她："类似这样的委屈的感受，最早发生在什么时候？"

叶子说："在我几岁的时候就开始了。"

原来，叶子小时候在父母面前，除了受到打击和指责，几乎从没有感受到父母暖心的爱。

1.没被父母表扬过的女孩，心里一直有个缺口

人类共同的渴望中，包括爱与欣赏，如果这两个渴望被满足了，他的自尊就比较健康。对于一个孩子来说，除了父母给足他温饱和安全，更高层次的需求就是希望得到父母的认可和欣赏，这些需求可以帮助他连接到最深层的对高价值感的渴望。但这些却不是所有父母都能做到的，有些父母可能一辈子都察觉不到。这其中存在两种可能：一种是父母本身就是在不被欣赏的环境里长大的；一种是父母对孩子有过高的期待，孩子无法实现，父母表达的是对孩子的失望。

叶子的父母都是小学老师，对叶子一直寄予厚望。成绩必须优秀，考100分是基本的，考90分就要开始轮番说教。其他的小孩在节假日的时候可以去看电影或者去公园玩，但叶子大部分时间都被父母关在家里看书、写字，或者练习古筝。

"同学们都羡慕我的父母有文化，羡慕我们家有很多课外书，但我更羡慕他们有温和、宽厚的父母，给到他们欣赏和自由。"这是叶子的原话。

美国的亲子教育专家说："所谓的教育是给孩子所需，而不是给父母所要。"叶子的父母认为自己是老师，对培养女儿成才有天然的优势，尽管叶子的考试成绩很优秀，但他们从不满足。他们还有个认知偏差，就是不敢对孩子表达肯定和欣赏，原因是担心她会骄傲。正因如此，叶子的自尊一直处于饥渴的状态。叶子虽然从小成绩就很好，但在班级里却一直沉默寡言；古筝考了级，却从不敢主动在学校活动里展露自己的才艺。这就打破了很多人的主观看法，所谓的自信并不是建立在客观条件的优越上，而是从一个人内在对自己的评价和感受中生发出来的。所谓的自我价值，就是一个人对自己的感受和评价，和外在的客观条件并无直接的关系。

2.低自我价值的宿命——为寻求证明而无尽努力

越是得不到的东西越想要，这是很悲哀的一件事。一个孩子从小得不到父母的认可，他的内心就出现了一个缺口，这个缺口一直在提醒他：你必须更努力，你必须做得更多，才可以换取一些表扬，得到一些认可。除了极度渴望他人的认可和表扬，他们还对这个世界充满了怀疑。

原生家庭几乎是孩子的整个世界，父母就是这个世界的主角，若这两个主角都未曾在言行举止间表达过对自己的认可，那这个孩子就会把父母的这种看法泛化成全世界的结论，认为自己是不好的，不够优秀的。有了这个结论之后，孩子对这个世界的态度就变成了畏惧和怀疑。因此，我们可以观察周围那些从小几乎不被表扬的人，尽管他们非常努力，但他们始终换不回心里想要的认可。终其一生，在好多事情上似乎都是在疲于奔命，但又徒劳无功。

叶子就是如此，她从小到大都是特别好说话的那种女孩，谁需要帮助随时都可以找她，但当大家有喜事庆贺的时候往往遗漏了她。工作之后，叶子为了让同事看得起自己，恨不得包揽三个人的工作，每天都把自己弄得精疲力竭，升职加薪却总是轮不到她。领导非但不表扬她的勤恳，反而这样评价她："你太贪心了，芝麻和西瓜都想要，到头来什么都得不到！"这令她十分沮丧，甚至感到绝望。

"老师，我到底该怎么做，才能让他们不再挑我的毛病呢？"

我问她："你是如何看待自己的呢？你对自己有怎样的评价？"

叶子认真地想了一下，然后答："我……长相普通，能力也一般，还欠缺一些女人味……"

当叶子试图继续搜罗自己不足的时候，我打断了她："从你的话里，我听到的都是你自己的不好。当我们连最基本的自我认可都没有的时候，别人又怎么会认可我们呢？"

叶子好像明白了一些，但又表现得无可奈何："可是我的妈妈就是这样评价我的。"

我提示她："从今天开始，我们试着让自己长大，和曾经在妈妈身边的那个小女孩分离开来，重新去定义自己。"

叶子点了点头。我知道这对她来说会很困难，也会需要很长的时间，但这对她十分重要。

诚然，我们一直在说童年的经历会在很大程度上影响我们成年后的生活，但是如何影响以及这个影响会有多深，其实决定权在我们自己手里。更有心理学家说："如果你受够了父母曾经带给你的苦，那你就赋予自己力量，去把那个装着苦酒的坛子敲碎，让你从里面解脱出来。"

3.培养内在完美"父母"，重修健康自我价值

一个人对自己没有自我认同，对自己有很多不好的评价就意味着他的自我价值感是偏低的，这种感觉会导致他期待自己做些事情提升自己的价值感，而这些做法，就是心理学所说的"外求"。比如，通过讨好同学以获得友情；帮助同事，希望同事在领导面前为自己说好话；通过在家庭里无限度的忍让，让丈夫对自己感激和认可。这都是一种行为层面的换取，即我给你某样东西，你要还我另一样东西。当然，这个换取基本是无效的，因为价值感不是物品，别人是无法给予的。

所以，当一个人寄希望于他人给自己价值感的时候，他会面临更大的绝望。胡慎之在《被讨厌的勇气》的推荐序中写道："唯有在我们发现自己价值的时候，才具备了自主和自由的勇气，因此我们必须终结牺牲自己，讨好别人的病态模式。"从小被剥夺价值感的人，并不需要找到父母，把童年"剧本"改写并重演一遍，才能提升自我价值感。他可以通过这样两件事情来改变人生的面貌。

第一，停止对外在的讨好。

低价值感的人曾经试图通过努力付出和委屈自己来换取别人的认可，但发现自己所做的这一切都是毫无意义的。审视自己，看清自己的需要究竟是什么。在友情中，停止做个滥好人，不要追求朋友的数量，而是提高友情的质量，找到真正和你有共鸣的朋友，成为彼此的支持者；在职场里，尽力做好自己分内的工作，在有余力的情况下才帮助他人，而不是无底线地付出，这样可以让别人看到你的边界，反而更加尊重你；在家庭里，袒露自己的情感需求，释放脆弱的情绪，而不是默默地扛下一切委屈，只是希望对方主动来关心自己。

第二，给自己点赞。

小时候很少被夸奖的人，往往一直寄希望于他人帮助自己填满这个缺口，其实填满这个缺口不用依赖他人，我们常说的自我确认就是一条捷径。所谓的自我确认本身就是一种能力，自我欣赏，自我喝彩，相当于自己给自己加油。语言为什么可以产生那么大的力量？因为语言会连接潜意识，而潜意识在掌管我们80%以上的感觉，所以当其他人不能给我们鼓励和赞美的时候，我们自己建立一个自我确认的机制，同样可以修复自我价值感。

　　当你完成工作中一件棘手的事，记得给自己点赞；当你给家人做了一顿丰盛的晚餐，记得给自己点赞；当你早上陪孩子一起跑步，记得给自己点赞；当你倾听了一次朋友的心事，同样可以给自己点赞；甚至是当你享用完一餐美食、有了一次完美的睡眠，都可以为自己点赞。在这样日复一日为自己点赞的过程中，不断地自我确认，潜意识里原来那个被批评和指责覆盖的部分会渐渐露出，你将重新认识自己。从此，你就可以慢慢改变自己的状态，不必等到父母对自己弥补，你已经拥有了全新的人生。

自我价值的定义权不能拱手让人

　　"我发现在我的单位里，我的工资最低。我觉得很不公平，但是又不知道怎么去争取。"这是小颜的苦恼。小颜毕业的时候，和两个同学一起去了一家外贸公司上班。从基础文员做起，一直做到可以独立和客户对接需求，她勤勉努力，从来没有过丝毫的懈怠。按说，一份工作做了三年，应该会有升职或加薪的机会，但奇怪的是，努力上进的小颜的工资还和刚入职时的一样。更让她懊恼的是，就在三个月前，她听到了和她一同入职的小丽加薪的消息。

　　同样的岗位和工作年限，不同的工资待遇，这的确很令人费解。难道是小颜得罪过领导或者部门主管不喜欢小颜吗？恰恰相反，小颜是典型的好女孩，上到老板，下到保洁阿姨，几乎没有人讨厌小颜，但这正是小颜不能加薪升职的主要原因，她实在太好了。

1.老好人的模式正在吞没你的价值

我们从小就被教育要做好人，做勤奋努力的人，做对社会有贡献的人，这些话是父母经常对子女说的。在小颜家里，父母对她的教育一直是先人后己，你不能和别人抢功劳，要少说多做，不要居功。小颜的父亲就是这样的人，先在一家工厂做采购员，后来工厂倒闭了，成了商场的保安。她的父亲是人见人夸的好人，做采购的时候拒绝回扣；当了十年保安，认真负责，有一次还被几个喝醉酒的人打得鼻青脸肿，但到头来，他连个保安经理都没有争取到。究其根源，说是没有争取到，实则是他从来没有为自己争取过任何东西。而小颜从小目睹父亲的老好人模式——默默耕耘，不问回报，并且自己内化了这种模式。所以，她和父亲得到了同一个结果——没有回报。这是什么逻辑呢？

这个逻辑就是，当你对于工作的信念是付出比得到更重要，那你就会为自己创造出很多付出的机会，而很少会关注回报的多少。也就是说，你更关注什么，什么就会成为你的核心价值，付出的时候努力勤勉是你认为重要的，相应的争取回报的努力就被你忽略了。

2.为什么有些人工作并没有那么优秀，但收入却更高

在公司上班时，我们经常会拿自己和他人做对比，最典型的就是能力和收入的比较。就像小颜，她一直在默默关注小丽的薪水，两人在刚进公司的时候是一样的，过了几年，小丽的薪水有了大幅度的提高，但小颜的却还和原来的一样。她觉得很不公平，心里也很委屈。的确，如果我们光从理性层面去分析，就会得到"付出必有回报"这个结论；如果从心理层面来看，就会找到另一个更公平的逻辑，就是一个人的值得感直接影响他人给他的价值回报。

美国的一家心理机构做过调查，他们选取同一个公司实力相当的人做收入调查，发现里面有很大的差别：有的职员年薪10万美金，有的只有6万美金。之后，又分别找到年薪最高的人和最低的人进行访谈，结果令人惊讶。薪水高的那个人说："我觉得领导很有眼光，因为我值得拿这么多的薪水。"而拿最

低薪水的员工则说："我总觉得自己是做错了什么，才导致我只能拿到这些薪水。"调查人员由此得出一个结论：决定一个人价值的，不是公司，而是员工对自己的价值评估。

当一个人认为自己不配得到更好的待遇时，就相当于给外部发出了一个信号——你给我少一点儿好了，我也觉得自己没那么优秀。当一个人认为自己是可贵的，值得拥有更好的东西时，他也向外在发出了一个信号——我是弥足珍贵的，我是独一无二的，你们要给我匹配更加可观的待遇。反之，当一个人发现自己在外部受到不公平待遇时，有两种可能性，一种是他将自己"贬值"了，另一种是他把"定价"的权力拱手让给了他人。因此，无论他如何努力，得到的却总是最少的。

3.当你觉得自己不重要，你的伴侣也会这样认为

除了在职场里面，我们所得到的和内在给自己定位的价值相当之外，在情感关系里，我们也可以更加深切地体会到，当你对自己的价值定位模糊的时候，当你沉迷于做一个好女人的时候，很容易亲手打造一段失衡的感情。

比如我的闺密H，她自己开了一家美甲店，挣了不少钱，

但是我发现了一个很奇怪的现象，就是 H 不仅穿得比其他人还要朴素，还一副好像手里总是缺钱的样子。好几次我约她一起去旅游，她都拒绝了，原因是最近手头紧张，等以后再说。

后来我问她："你是做了投资吗？为什么手头总是那么紧张啊？"

她回答："不是。其实这些年我的钱都被老公管着，我手里只有一点儿生活费了。"

看出我的惊讶，H 很无奈地说："就摊上了这么个守财奴的老公，他自己挣得少，不仅从来不给我惊喜和礼物，还要把我的钱全部收过去，我不是没办法嘛。"

一句"没办法"道出了 H 全部的状态，那就是一边无奈地妥协，一边又不停地抱怨。后来，我到她家里做客才发现了问题的根源，她的老公并非霸道不讲理，而是 H 拱手将家里的主权全部让给了老公。我问她："你为什么任何事情都要向老公请示呢？就连我到你家做客都要先告诉他。"

H 答："女人总归是弱势，又老得比较快，不如多给男人一些面子和钱，他们就会安分一些。"这是 H 内在的逻辑，她对自己的女性身份有两个标签——比男性弱和容易变老。

带着这两个标签的束缚，又带着对老公变心的恐惧，她从结婚开始就努力挣钱，并把钱全部给老公掌管，导致后来自己需要额外开销，伸手去向老公要时，就已经失去了主动权。因此我对她说："其实不是你老公不重视你，是你一开始就没有认识到自己的珍贵啊！"

4.重新定义价值，把主权从他人手里夺回来

曾经在一个高档咖啡厅和朋友见面，其间我们除了要一杯咖啡，还想要一杯白开水，然而，服务员告知没有白开水，只有10元一瓶的矿泉水。原以为是高级矿泉水，没想到是超市里一块钱一瓶的普通瓶装水。

朋友忍不住抱怨："1块钱的东西卖10块，还理直气壮的。"

我回答她："是啊，我们人也一样的，很多时候就缺乏这种理直气壮的精神。"

这背后就是不配得到的唯唯诺诺，当他人看出你的唯唯诺诺，捕捉到你不够自信的信号时，无论是在职场里，还是在情感里，对你的回应都会大打折扣。所以，就连统一了出厂价的矿泉水送到不同经营者手里，都会有截然不同的定价，更何况

每个独一无二的人呢？

在和小颜充分沟通后，我建议她重新评估自己的价值，主动向领导申请加薪。她甚至为此在家对着镜子反复练习说话时的语气和神态。要知道过去她是个言听计从的乖孩子，这回要为自己争取利益，算是突破自身限制的第一步了。就在提出调薪申请的第二个月，她不仅工资和小丽的一样了，还获得了单独跟进一个大客户的机会。

而H呢？

我问她："你享受被老公掌控的生活吗？"

她无奈地说："不享受。"

我又问："那你愿意做什么改变呢？"

她认真地想了想，然后回答："我应该保护好自己。"

她所谓的保护好自己并非和老公争吵或者翻旧账，而是她决心要成长起来，勇敢去追求自己想要的生活状态，把留在老公手里的自主权拿回来，包括要回自己金钱上和时间上的自由。H刚开始还以为自己的改变会影响夫妻关系的和谐，引发对方的不满，但这样的情况并没有发生，因为她的态度坚决，她发现老公反而变得柔软了。

　　情感关系就像双人舞，如果你一直退，对方只能一直进。当你学会进一步，对方会自动迎合你退一步的。其实在任何关系里都一样，当你感觉到被剥削或者被不公平对待，甚至已经成为常态时，请务必检视你内在的价值图景。看看你给自己的定位是什么，你给自己赋予多少价值。当你对此感到惊讶时，你改变的时机就到了。

　　调整你的内在价值图景，以全新的形象出现在其他人面前，从唯唯诺诺到镇定自若，不再一味地顺从别人的想法和意见，懂得适时发出自己的声音，并要足够铿锵有力。相信我，做到这一点没有多难，也不需要花费很长时间，结果是，你一定能走出被他人"定价"的消极牢笼，开始拥有自由、独立的人生。

转移视线，把目光聚焦到自己身上

　　不知道你们会不会出于各种原因羡慕身边的人，我从小就会。小时候的我又黑又瘦，非常羡慕身边皮肤白净的女生；学习成绩一般，就会羡慕那些成绩优秀的人；很早就因为近视开始戴眼镜，也会羡慕那些视力正常的人；我的父亲很少陪伴我，我又会羡慕那些经常和父亲在一起玩耍打闹的小朋友……

　　我总是在羡慕别人，还一直把这种羡慕误以为是对别人的嘉许和肯定。直到长大后才恍然发现，我竟然记不起儿时的自己是什么模样，也没有保留童年时期的任何照片，为此，我感到了巨大的失落和悲伤。原来，我花了那么多时间去羡慕别人，最终却迷失了自己。

1.被比较过的孩子，都会习惯性淘汰自己

习惯性羡慕或者嫉妒别人的人，童年都有被父母比较的经历。父母会经常对你说类似"你怎么不能像其他孩子那样安静"这样的话，久而久之，你会从这样的评判中得出"我不如别人"的结论——别人浑身都是优点，我浑身都是缺点。带着这个结论，你的眼睛会变得越来越"锐利"，对于任何出现在你视野里的人，你都会马上看到他的优势，甚至会把别人所有和你不同的地方，都归纳成优点，然后产生自愧不如的感觉，接下来就会开始羡慕他。这是一个非常不好的循环。

以我自己为例，我有四个姐姐，邻居或者父母的朋友在提到我家时都会说我们几个孩子是"五朵金花"。我是最小的一个孩子，也因为这样，我每天都生活在父母的比较之中，并没有享受到老幺的"特权"。

我一出生就像只乌骨鸡，又黑又瘦，父母叫我的时候总是喊"丑丫头"，语气里并没有嫌弃，反而是想表达他们对我的亲昵，但这还是让我觉得很受伤。加上我从小就营养不良，注意力也总是不能集中，去医院的次数比姐姐们加起来的都多。在

家里，我没有任何值得骄傲的地方。父亲一直不吝啬对几个姐姐的夸奖，母亲也时不时提到别人家优秀的孩子，我几乎是顺理成章地对自己说："我还不够好，我要继续努力。"我一直用这样的方式来鞭策自己，结果发现，我到二十岁也没有变成那些优秀的别人。

2.羡慕别人，就是在攻击自己

以前，我把羡慕当成一个正向的词语，一方面表达出对别人的肯定和赞赏，另一方面又可以激励自己，这其实是个错误的认知。从某种程度上说，羡慕可以被当作一个双向的词语：一方面，的确在夸赞别人"有"；另一方面，是在攻击自己"没有"。这就相当于你绑住自己的双腿，又希望自己可以快点跑起来，这显然是不可能的。

因为这种认知上的束缚，从童年到青春期，甚至包括之后的很长时间，我都过得很消极，并且很痛苦。我每天都在自我博弈中消耗能量，一方面希望自己像别人，另一方面又因为自己做不到而无比沮丧。在这种日复一日的自我折磨中，我找不到人生的意义，也失去了生活的动力。

我的一个读者蓉蓉也是如此。三十岁的她在找到我咨询的时候，还深陷于"不如别人"的痛苦深渊。她和我用视频沟通，在看到我的样子时，就马上对我说："周周老师，你的脸圆圆的，好有福气的感觉。你看看我的脸，很尖，我听说尖脸是凶相啊。"这样的开场白，让我有一些惊讶，正应了"你站在桥上看风景，看风景的人在楼上看你"。原来以为优点都是别人的，其实在别人眼里，我们何尝不是那个"优秀"的别人。

我问蓉蓉："那你除了担心你的脸，还有什么困扰吗？"

她回答："还有好多，我到现在都没有结婚，可是我那些朋友连孩子都有了；我还在租房子住，但我一个姐姐都买第二套房子了……"

她一口气说了很多自己的问题，而且每一条都透露着被比较的挫败感。这时的她并没有意识到这些都是沉溺于对别人的羡慕而惹的祸。聊过之后知道，蓉蓉是家里唯一的孩子，但没有得到想象中无尽的宠爱，父母反而没少拿她和其他孩子比较。就算她考了98分，父母还是会用考满分的同学鞭策她："你下次要像他一样考满分，这才够优秀！"

刚开始听到这些话，蓉蓉还很不服气，用顶嘴的方式和父母进行对抗。听得久了，她不再怀疑父母的用心并自动得出了一个结论——别人的确比我好。于是，她把自己打败了。从此，她无论做什么都不能让自己感到满意。几次恋爱的失败，居然都是因为怀疑自己眼光不够好。蓉蓉说："我真是个没用的人。"

听她说出这句话，透过屏幕，我仿佛都能看到她内在的那个孩子在无声地哭泣。于是我换了角度提问："你能说说你对自己满意的地方吗？"

蓉蓉停了大概半分钟，然后说："我庆幸自己过得这么糟糕，还没有得抑郁症。"

这真是让我哭笑不得的回答，我对她说："我可以证明你是个开朗而且积极自救的人。"听到这话，蓉蓉眼睛一亮。

3.停止膜拜他人，开始细看自己这个独立的个体

我是二十四岁离开家乡的，所谓离开，就是从老家湖南只身来到上海。后来发现，这是我从小到大最正确的决定，因为我终于开始看到自己。一直以来，周围的人都比我优秀，当然也包括我的几个姐姐，加上我已经习惯了自我贬低，这些无形的压力让我有一种喘不过气来的感觉。当我来到上海之后，我

发现一切都变了，我开始收获了很多的赞美和欣赏，也有来自周围朋友的鼓励和肯定。

朋友知道我有晚上看书的习惯，会对我说："你这么爱看书，真是难得呢！"看到我下厨为她们做饭，会夸奖我："色香味俱全，你的手艺真不错！"甚至她们看到我穿着普通的牛仔裤，都会啧啧称赞："你的腿形又直又细，真是太好看了！"有这样的一群朋友，我就像做梦一样，每天生活在赞美中，心里不禁怀疑，这是真实的吗？直到有一天，我去一家理发店，才愿意相信我是真的足够好的。

我让理发师帮我修剪齐刘海，理发师的话让我诧异，她说："你的额头很好看，为什么要遮住呢？很可惜的。"

那一刻，我竟然有一种"眩晕"的感觉。我的额头有点高，在妈妈的眼里就是造物主的败笔，为了遮住我的这个她认为的缺憾，从小到大，妈妈只允许我保持一个发型——齐刘海的童花头。在这样的影响下，我恨透了我的额头。当理发师告诉我"你的额头很好看"时，仿佛有一扇窗户在我的眼前打开，让我看到了一个不一样的世界和一个不一样的自己。也就是从那天开始，我重新认识了自己，或者说，重新找回了原本就足够好的自己。

4.像欣赏宝物一样欣赏自己，你就会像宝物一样珍贵

羡慕的本质是看不到自己。习惯羡慕他人的人，经常会选择"以卵击石"，拿自己的缺点去碰别人的优点，收获的只能是越来越多的沮丧。而改变这样的状况，说来其实很简单，只要我们转换能量，把目光从他人身上真正收回来，重新聚焦到自己身上就可以。

以我自己为例，我受够了自怨自艾的生活，并决心要改变现状，而那个起点就是那次理发师对我额头的赞美。这是我开启自我确认机制的契机。我开始相信每个人都是独一无二的。如果说这个被我深藏了三十年的额头都可以被如此赞美，那我就有理由相信，我身上的任何一部分都是无可挑剔的。所以，在三十岁那年，当我把宽大的额头露出的那一刻，我开始真正地接纳和欣赏自己，再也没有羡慕过任何人。

记得后来妈妈曾问过我："女儿，你为什么非要露出大额头呢？"要是放在过去，我可能马上会想办法遮住，但当时我对妈妈说："因为我爱这个额头，里面充满了智慧。"妈妈居然立即为我的解释感到骄傲！

　　而前文中提过的蓉蓉，在和我沟通之后，也逐渐走出了自己的"泥潭"。根据她的问题，我当时建议她每天都写一篇自我欣赏的日记，每天记录自己十个以上的优点。蓉蓉一开始觉得很为难，但是在坚持十天以后，她对我表示"抗议"："老师，我根本不止十个优点，我有一百个！"听到蓉蓉说话的声调我就知道，她已经活出自己了。在那之后过了一段时间，我听到了她谈恋爱并已经结婚的好消息。

　　当你停止和他人比较，并且愿意多关注自己时，你所有的优点就会像阳光下的贝壳，自动浮现出来并闪闪发光。你过去所认为的缺点，都可以理解为自己的特点。你不必羡慕任何人，因为你已经足够优秀。

当别人对你说"不"，你要对自己说"是"

在网上看到一个调查问卷，包括了几个问题，分别是：你从小到大接受过别人哪些评价？听到这些评价，你有怎样的感受呢？迄今为止，这些评价又是怎样影响你的生活的？

一个网名叫"寂寞"的人说："因为皮肤黑，男同学给我起了个外号叫黑乌鸡。"这个外号让她的整个青春期充满伤心和沮丧，甚至一度把出国洗白皮肤当成了唯一的梦想。

"一只摇曳的船"说："我拿到人生第一份工资时，立即买了个当时很流行的包，这款背在明星身上显得很优雅的包，背在我身上却被室友说像一个菜篮子。"听到这种话，她立即羞愧得把包藏了起来，之后再也没有背过。

网名叫"伶俐"的女生说自己在高中时参加了辩论赛，可轮到她说话的时候，突然脑子一片空白，什么话都说不出来，她听到台下有人吹口哨。她感觉十分难过，但又马上决定为自己做点什么，于是她在辩论结束后留在舞台上说："很遗憾我今天表现失常了，但我不后悔站在这里获得了一次锻炼的机会。今后我一定会多加练习，争取让大家看到我更佳的状态和水准！"此话一出，台下响起了热烈的掌声。在这之后，这个网名叫"伶俐"的女孩一直苦练演讲和辩论技巧，报考大学时，选择了法律系，后来成了一名优秀的律师。

这三位网友讲述的经历让人感到怅然。前两位虽并未说明目前的生活状态，但从她们的网名里，也能看出一点儿端倪。那个网名叫"寂寞"的女孩，她在心里认同了别人对她的评价，所以很难在人群里展示自己，会变得孤独和自怜，可能是因为这样的原因，才把自己的网名取作"寂寞"。而那位因室友一句话就把用第一份工资买来的包包"淘汰"的网友，她对自己的品位很不自信，这很容易导致她日后做任何选择都需要有人推动才能完成，"一只摇曳的船"，这个名字也许表现出了她的恐惧和不安。而最后这一名，她的网名简单、直接，就叫作"伶俐"，这个名字似乎透露出她对自己的要求和积极暗示，充满活力和应变能力。

综上，一个小小的测试就可以看出人与人之间巨大的区别，也可以看出一个人如何理解和应对他人的评价，这将在很大程度上决定这个人未来的生活状态。

1.认同他人所有的评价，是不爱自己的开始

小娜经常问我："周周老师，怎样才算真正地爱自己？"

我反问她："你过去是怎么做的呢？"

小娜说："我很努力地工作，不想被领导批评；我也很勤快地做家务、照顾孩子，不让公婆对我有挑理的地方。"

"哇！你真是个努力的超人啊！他们是不是对你都很满意，常常赞赏你呢？"

她摇了摇头，低声说："没有，他们对我仍旧不满意。老板觉得我不能只做自己的事情，也要把同事都教会才行；婆婆让我不要买那么多衣服和化妆品，应该省钱留着给孩子上辅导班；最受不了的是我老公，无视我工作上的努力不说，反而讽刺我忙是想要当总统。我真的很沮丧，自己挣的钱难道不可以花吗？何况，我对这个家的付出一点儿都不少啊！为什么每个

人还是对我不满意？”

我一直没说话，等到她平复一些，我才对她说："其实这是因为你从内心就没有给自己足够的认同，别人的任何一句话都能让你受到影响，进而被这种情绪带着走，而且这也是你不够爱自己的表现。"

"我们每天都会听到很多人对我们有各种各样的评价，如果你全然接受，必然会迷失自己，最好的做法是给自己设置一道屏蔽门。这样，你受到的负面影响就会小得多，而且还保护了自己，这也是爱自己的一种体现。其实就这么简单，只不过太多人被情绪裹挟，无法厘清周围的情况罢了。"

小娜听了我的话恍然大悟，她说："我以为给自己买奢侈品、吃大餐就是爱自己了，原来通通不是，难怪我即使背着名牌包也还是不开心呢！"

是的，很多人认同了他人的评价，不管是正面的还是负面的，甚至是攻击。自己的内心受伤了，就从外在去找补偿，然后还不忘麻痹自己：你看看，我把自己照顾得很好，我很舍得为自己花钱。其实这并不是爱自己，而只是允许别人从言语上消费了自己，再代替别人用物质补偿自己。

2.在意别人的评价，等于把情绪开关放在别人手里

有读者问我："我知道不要轻易被人家的评价带着走，但怎么区分评价的正面和负面呢？"

我的答案是，最好训练自己屏蔽掉所有的评价，因为评价本身是没有对错的，是我们不同的理解赋予了它正面或负面的意义。

比如，有个人对你说："你今天的妆怎么化得这么浓啊，是要走红毯吗？"听到这样的话，你马上就生气了，认为人家在挖苦你，可是你明明只是换了个口红啊！你既气愤又无奈，心底还响起一个声音：既然有人说你口红太浓，索性擦掉吧。当你擦完出门又有人问你："你的脸色怎么有些苍白，是生病了吗？"你很郁闷，也感到很尴尬，心想：为什么我这么笨，忘记换一个口红涂上呢？于是你跑回家，可这一次你更加心烦意乱，一怒之下，你把梳妆台上所有口红都扫在地上了。然后，你哭了……

这一切是如何造成的呢？别人随口的一句调侃，只因你太较真，结果就变成你自己伤害自己。可是回过头来，我们看看

那句话，真有那么大的威力吗？

对方说："你今天怎么化这么浓的妆啊，是要走红毯吗？"如果你根本不在意，你也欣赏自己的眼光，那么你嫣然一笑就把他的调侃给秒杀了："是啊，今天准备走个红毯。"任他是恶意还是善意，你看他还如何作答。如果别人是明显的夸奖呢？难道不该得意扬扬，然后谢谢他？其实这个风险也很大，一旦你沉迷于他人的赞美，你就会取悦于人，为了获得更多人的赞美，按照他人的标准来改变自己的活法。

我的朋友小夏，她的个子很高，从不穿高跟鞋。有次公司开会，要求员工正装出席，女员工都要穿高跟鞋，那是小夏第一次穿，结果意外地受到了同事的夸奖："小夏，你真是模特身材啊！穿上高跟鞋，特别有气质！"小夏本来并无自信，而且脚后跟还磨破了皮，听到这句赞美，早已忘记了疼痛，走姿更优雅了。

为了保留住这种模特气质的好形象，她又买了三双高跟鞋。有一天因为赶地铁走得太快，她不小心摔了一跤，扭到了脚踝。没想到那个同事看到小夏一瘸一拐地走进公司，开口来了个大转弯："小夏，最近是不是有点胖了，穿高跟鞋是容易失去平衡的啊！"小夏听到这句话，眼泪当即流了下来。

后来，我问小夏："还喜欢高跟鞋吗？"

她哭着说："我真傻！人家随口一说，我就信以为真了。以后再也不轻信任何人的话了，我也不穿高跟鞋了！"

看着小夏终于坚定地扬起头的样子，我想起一句广告词——我很听话，但我只听自己的话。原来觉得这话太骄傲，实际上，这是一种倔强的态度，是不从众、不服输的态度。我就是我，任你们如何评价我，都休想改变我。

你不一定会因为美丽而自信，但会因为自信而美丽。因为美丽没有标准答案，如果真有，那也是出自你对自己绝对的信任和发自内心的喜爱。

3.活得自在的人，从来不和他人的评价死磕

在当时大热的电视剧《都挺好》里饰演玉妈的演员陈瑾在某访谈节目中做客，和主持人聊了一会儿，她突然问主持人："你这么瘦是饿的吗？"主持人回答后，她接着说："我可真是饿的。我就发现我是属于那种最后才会瘦到头的……我可以一天就吃一个桃、一杯咖啡，然后去游泳，做瑜伽。"

听到她说这话的时候，我以为她是那种很在意别人眼光的人。后来发现我错了，她仅仅是对自己的职业有近乎苛刻的要求，希望自己的脸能在上镜的时候更好一点儿。

在访谈中谈到自己刚出道时曾被人直接说"长得难看"，这样的评价在之后也不断出现，陈瑾说自己反而释然了，因为发现自己认真地画眉、描嘴唇，也漂亮不起来，还不如认真演戏。

她几乎拿遍了国内电影和电视剧方面的奖项，但奇怪的是，她并没有"火"起来。其中最重要的一个原因就是她坚持自我，没有沦陷在他人的评价和建议里。她说："我不要去追风，或者说让别人满意，我就成为我吧！"当别人让她去应酬，她说"不"；当别人要她盛装出席活动，她还是说"不"。在这个过程中，她得到了很多评价，说她高冷，说她不识时务，她既不反驳也不服从，就那么倔强地坚持着。其他的明星出门都要带助理和保镖，而陈瑾却收获了难能可贵的自由。对此，她说这一切都是自己的选择换取的，是"活在自己世界里，与他人无关"的态度换来的。

我们要爱自己，但不要爱那个别人眼里的自己。同样的，如果你希望更爱自己，就请先把乞怜他人表扬、惧怕他人评价的那个自我收回来吧。因为你真的已经足够好，根本不需要为他人而改变一丝一毫，除非是你自己愿意做的改变。

你的愧疚感，有毒

愧疚是一种怎样的感觉？你会在什么时候感到愧疚呢？以我为例，我在很小的时候就学会了愧疚，因为我的出生违反了当时的政策，父亲因此而受到处罚，降了工资。从那时起，出于愧疚感和为了报答父母的生养之恩，我开始表现得十分乖巧。也因为这样，我得出一个结论——愧疚带来自律，可以产生积极的效果。

长大之后，对于朋友一句无心的玩笑话或者领导的一句批评，我都会自动归结为是我不好，我给他们添麻烦了，并会为此而感到难过不已。在这样的情况里，我发现了隐藏在内心深处一个有点儿可怕的逻辑。我强迫自己在很多事情上要做得更好，费力却达不到我想要的程度，我开始因此而感到愧疚。越愧疚，越做不好；越做不好，越愧疚。以致变成了一个恶性循环。于是，我得出一个新的结论——愧疚并不能催人奋进，也不能让人产生力量，反而更像是心灵的黑洞，会吞噬你原本的力量。

1.小心"愧疚成瘾症"

在我们的日常生活中，你可能会发现一种现象，如果你有一个每天都关注的人或事物，那这个人或事物就会很频繁地出现，这种关注也可以被称为聚焦。比如，你每天聚焦自己的缺点、伴侣的不足，抑或社会上负面的新闻，过段时间就会发现，你的缺点越来越多、伴侣看起来越来越糟糕，而这个社会好像就要崩溃了一样。你可能还会误认为这是你观察力敏锐的功劳，其实这和潜意识的聚焦有关。

除此之外，你或许不知道一个秘密，当我们习惯用一种情绪去应对生活事件，不管结果如何，你都很容易吸引同类事件不断发生，你不得不用一样的情绪模式去做出反应。愧疚感就是如此，很多人对它上瘾。当然，第一次出现这种情况通常和父母有关，而在此之后，大多是自己的无意识选择。

　　我的一个读者叫大山，他有一个哥哥和一个姐姐，因为自己小时候比较调皮，经常和哥哥姐姐打架、争抢玩具和零食。父母对此感到十分无奈，有一次母亲实在不堪其扰，对他说："你就是来讨债的，每天搞得家里不得安宁！家里最拮据的时候有了你，我们咬紧牙关养育你，结果你这孩子一点儿都不懂事，就知道给家里添乱！"

　　母亲生气时说的"给家里添乱"这句话，彻底伤了大山的自尊心，他由此得出一个结论——都是我的错，是我给父母添了这样的麻烦。当"都是我的错"内化为一种根深蒂固的想法，愧疚感就成了大山固有的一种情绪反应模式。之后，无论是在学校还是工作之后的公司里，每当有问题发生，他都以为是自己的错；每当领导有批评的言语，他都觉得是在批评自己；甚至女朋友晚上没有睡好觉，早上有起床气，他都认为肯定是自己晚上打了呼噜。这样的情况持续了好多年，大山感到身心俱疲，他发现无论自己多么"小心"和"自律"，都还是和父母口中那个制造混乱和是非的男孩无异，没有丝毫的进步。于是，他非常绝望和感到沮丧，一度不知道人生的意义在哪里。

2.愧疚，等于往自己胸口扎刀子

作为一个对愧疚感有深度体验的人，我过去常把它理解为一种道德清白感，或是当成一种追求完美的强迫症。我认为这会让我变得更加优秀，直到后来我发现，隐藏在这背后的还有一个我没有意识到的逻辑——我无法接纳自己。一个人无法接纳自己，同时又期待自己变得更好，就会造成内在的不和谐。心里有个声音会对你说："既然你这么不喜欢我，那你凭什么还来指挥我！我受伤了，我不会听你的！"

当你感到愧疚的时候，也意味着你正在对自己的胸口插刀，身体反应比较敏锐的人可以在下一次感觉到愧疚的时候注意一下自己的身体，你会发现你的胸口会产生刺痛的感觉，这就是你的内在正处于受伤的过程之中。它在呼唤你："请停止对我的攻击吧！我好痛苦！"

然而，我们还是希望自己带着伤口不停地奔跑，这是何等的残忍！我们终于发现愧疚感非常负面，在霍金斯能量层级图中，愧疚感是非常低频的能量，可以让我们变得更加无助和消极。这也可以解释为什么我们明明头脑里希望自己做得更好，比如用好业绩回馈老板的信任、考取高分为父母争光、给予伴侣温柔和体贴，最终却事与愿违。因为我们背负了太多愧疚的能量，我们的心受伤了，无法做到我们想做的事情。

3.释放愧疚感，才能做更好的自己

一个人想要做好一件事，首先要感觉良好，这是一个再简单不过但很多人并没有真正理解的道理。人类是拥有情感的动物，如果我们感觉到不安全、不舒服和不快乐，我们的创造力和工作效率都会大大降低。而我们通常会无视自身的情感需要，一边做着惩罚自己的事情，一边又希望自己毫不在意。当自己做不到或是没做到自己想象中那种完美程度的时候，又放任自己被愧疚感吞没。

美国的一家心理机构曾经做过一个关于愧疚感的调查，他们到一所中学让学生做一次心理测试，选出其中愧疚感较强的几个孩子，然后去查看他们的成绩和在校表现，发现他们整体水平都偏低，尤其是个性方面普遍表现出内向、忧郁，甚至是懦弱。这家心理机构的负责人说："阻碍一个人发展的情绪杀手就是愧疚感。它能削弱自身的力量，这种情况是必须要摆脱的，

释放掉内心深处的愧疚感，让他给自己松绑，把攻击自己的屠刀放下，他才能慢慢地拥有活力。"

那么如何释放愧疚感呢？

其实很简单，只要三个步骤：

第一，复盘过去认为做错的事情，重新赋义。

比如，我是家里的第五个孩子，属于超生，这是我的错吗？当然不是，当我转过这个弯之后，我从另外一个角度重新来想这个问题，既然已经来到这个世界上，那就要展现出自己顽强的生命力。有了这个念头，我顿时为我的存在感到庆幸，而这种庆幸让我日后在任何群体里都能够轻松自如地面对困境，不再当"错误"的包身工。

再比如，当我们遇到纠纷或是不好的事，包括伴侣的误会、公婆的抱怨这样看起来很小的事情，只要我萌生愧疚感，就会立即叫停自己，换一个角度看这件事情里我的参与度有多少，应该负多少责任，而不是急于道歉，急于责难自己。

当我们能够给自己更大的空间去思考整件事情的脉络和责任时，情绪就是平稳的，身心也是和谐的，其他人也在我这种状态的影响下变得更加理性，不会在是非对错里纠缠，而是倾向于合作解决当下的矛盾和问题。

第二，勇敢承担责任。

诚然，无论我们多么谨慎，都免不了犯错。就像前文提到的大山，从小就是个"马大哈"，不注意自己的行为给别人造成的影响，除了嗓门大经常吵得上夜班的父母睡不成午觉，还动不动就弄坏哥哥姐姐的东西，的确让这个家的气氛不是很和谐。父母的处理方式和大山之后如何面对都是应该特别注意的，父母要用合理的方式改变大山，如果只是简单粗暴地责骂，那大山就需要学会承担起自己的责任，同时不要增加自己的愧疚感。否则，之后产生的负面影响更大。

大山在一家房地产公司做销售经理，有个季度的业绩很惨淡，导致他们整个中心的销售数据十分难看。领导在总结会上大发雷霆，要是过去，他肯定会把头埋得很低，把所有的责任都归到自己的身上，认为都是自己的原因才导致了这样的结果，挨骂是理所应当的，但这次大山敢直视领导的眼神，并且向领导提出了自己的看法和吸引顾客的方案，对于当季惨淡的销售业绩还做了一些自己的反思和总结。这让领导对他刮目相看，也很大地提升了他接下来的工作信心，而这个信心又带给大山很强的一股力量，让他后来的工作变得越来越顺利，销售业绩也成为所有人里最好的。

第三，无论有多大过失，只批评造成过失的那个行为本身，而不是牵扯整个人。

心理学家认为：愧疚感之所以会产生巨大的伤害，是因为我们通常把某个过失，甚至是他人的评价，泛化成我们整个人的错误，这导致我们的内心非常痛苦。要摆脱这种痛苦，就需自己学会经常地做一个练习，把事情和人彻底分开。无论做错什么，我们都认同这是修正行为的一个机会，然后把焦点放在如何承担责任和如何避免同样的事情再次发生上，而不是一味地谴责自己。想清楚这个问题，我们将不再恐惧错误的发生，不再唯唯诺诺，而是能勇敢地从错误中汲取养分，让自己变得更加优秀，人生也才会有更多的可能。

父母影响前半生，自己定义后半生

自从原生家庭的概念广泛传播以来，很多年轻人开始回溯自己的家庭和成长经历。我曾问很多读者是否被父母伤害过，无一例外，他们的答案都是肯定的，而且这种伤害都对他们之后的生活有非常大的影响。

是的，你无论出生在什么样的家庭，富裕还是贫穷，城市还是农村，或多或少都会经历诸如体罚、冷落、羞辱、贫穷、父母争吵或离婚等情况。这些对尚处孩童时期的人会产生难以想象的负面影响，同时也是很多出现心理困扰甚至已经发展成心理疾病的人最为普遍的创伤经历。

当大家意识到自己当下的痛苦都与童年的某些经历有关时，会感到一丝欣喜，但更多的是无助。欣喜的是，大家发现原来并不是自己天生就有问题，而是原生家庭的原因，但随即会产生巨大的无助感，那些对自己来说不好的经历既然经过十几年甚至几十年都无法释然，那到底该怎样做才可以不受这种痛苦的折磨呢？

是的，当我们陷入一种非黑即白的对立状态，我们会以为，一个经历对应一个症状，如果这个经历不去除，那么相应的症状就不会消失。所以，那些受过原生家庭伤害的人有理由绝望，更有理由抱怨。

1.原生家庭是如何影响我们的

我的一个读者小野，三十岁，有一份很好的工作，感情生活却一片空白。父母在她很小的时候就离婚了，她和母亲相依为命，这导致她对异性一直都有很强的不信任感，对未来的生活有很多的担忧。在找我咨询的时候，小野问我："是不是所有经历过父母离婚的孩子，长大后的情感生活都会不顺利？"

我对她的这个提问感到欣慰，因为这不仅是一个提问，更是她自身的觉察，这意味着她在思考父母影响自己的关键点在哪里。有了这个觉察，她就会开始寻找突破这个阻碍的办法。

我回答她："不一定。不是每个经历过父母离异的人，都会重复父母不幸的婚姻，或者沿用父母在情感里的应对方式。就像我有个朋友叫明明，她的父母在她三岁时就离婚了，目前她已经是两个孩子的母亲，结婚十多年了，和先生的感情一直都很稳定。"

听我说完这些话，小野又产生了一个困惑，她陷入了一种自我怀疑中：为什么别人可以不受影响，而我却走不出去呢？正如一对双胞胎，同样遭到过父母的打骂和威胁，姐姐在厌弃父母粗暴的教养方式后，把成为一个温柔、理性的母亲当作了梦想；妹妹则不然，她从小就对父母充满了恐惧，自己结婚后又对成为母亲这个角色感到很不自信，接下来，她复制了母亲的养育模式，情绪很容易失控，经常和孩子发生各种冲突。为此，她感到深深的无助。

这里就要提到关于创伤的影响，其实创伤影响是没有标准的，因为人是复杂的动物，在躯体之内，人潜在的应答系统如何对创伤事件做出理解和决定，将直接影响未来的生活。引申到萨提亚"冰山理论"中的一个概念，即我们如何看待事件比事件本身更重要。比如小野，她从小没有父亲陪伴，母亲又是个比较脆弱的人，这让小野感觉女人都是弱小的，也因为弱小，很容易遭到男人的抛弃。而这个结论，慢慢变成了我们脑海中的潜在信念，要知道信念一旦在潜意识里根深蒂固，就会直接驱动我们的行为，再想发生改变，就会难上加难。而那个一边恐惧父母打骂，一边又做不成温柔母亲的双胞胎妹妹又发生了什么呢？

她内在发生的"剧本"和小野的不同，她在小时候经常被母亲要求做很多事情，一旦做不到，就会被严厉责罚。她一直默默地忍受着这一切，承受着母亲对一个孩子超负荷的期待——你必须优秀，必须一切都听我的安排。而姐姐则拒绝了母亲的过分期待，母亲在姐姐那里落空了以后，把原本对姐姐的期待又变本加厉地加在了妹妹的身上，这就导致了在同样的环境下，因为姐妹俩自身不同的应对模式和决定，形成了截然不同的结果。

童年那些不好的经历未必可以直接引发巨大的负面影响，如果个体经由潜意识进行"加工"，就真的会让内在的心理困扰成型。其中包括两个方面：一个是"未满足期待"，另一个是我们就某个创伤事件产生的某个信念。我们俗称的情绪钩子，其实也来源于这两个"诱饵"。

2.你受够这一切了吗

日本作家岸见一郎说："人的烦恼都是来自关系。和自己的关系，和他人的关系，和世界的关系。任何一个关系出现阻碍，都会影响我们的情绪。"关系里埋藏的一个痛苦的根源就是希望他人发生改变，而期待他人改变就意味着痛苦的开始。

如果有人对我说："我好辛苦，好愤怒啊！我经历过……导致我现在这样的不堪……"

我会问他："亲爱的，你受够了吗？"

他们首先会愣住，然后有些人会茫然地摇头，而另一些人会回答我："我受够了！"就像小野，她已经三十岁了，她决定换一种活法，给自己一次触底反弹的机会。

我们经常会说一句这样的话：改变发生在你决定摆脱痛苦并为自己负责的那一天。因此，如果你确认自己目前的状态和原生家庭的影响有很大关系，而且已经导致自己生活在痛苦之中，那么你可以为自己立一个宣言——我要走出痛苦，我要创造另一种可能。这样的宣言很重要，它是一个你从旧模式跨出来的仪式。这个仪式会像一扇门一样，把你和过去隔开。

3.回溯童年，找到自己生存的资源

小时候，我也经历过父母吵架的场景，这导致现在的我看到任何吵架的情境仍然会很恐惧。在婚姻里，我甚至为了规避争吵采取与对方"冷战"，但这样的逃避会让两个人因为无法沟通而更加痛苦。记得有一次在催眠工作坊，导师引导我回到小时候父母吵架的记忆里，让我看看当年的自己是如何应对那么激烈的争吵而坚强地挺过来的。

我看到自己跑到了一个老奶奶的家里，那个老奶奶特别慈祥，给了我温暖和安心的感觉，我将那个地方当成了避风港，也释放了焦虑和恐惧，奶奶的家成了我当时面对父母争吵却能安稳度过的资源。很多人的记忆只停留在受伤的那一刻，却忘了我们之所以能从童年的"枪林弹雨"中走过来，一定是因为我们在当时找到了保护自己的资源。这些资源在过去保护了我们，而今依然可以陪我们摆脱痛苦并治愈自己。

前文中提到的"伶俐"，我当时也问过她："你妈妈那么频繁地打骂你，那时你是用什么办法保护自己的呢？有没有想办法让自己更好受一点儿？"

　　"伶俐"笑着对我说："我会去找我当时的班主任，这个老师非常温柔，也很喜欢我。有一次她来家访，正好遇到妈妈在批评我，她还替我说话，建议妈妈多考虑我的感受。好像就是那一次之后，妈妈对我的打骂开始变少了。"听到这些话，我知道"伶俐"有了一个对她来说很重要的觉察，那就是她并非一直在受苦，只是自己的记忆一直停留在那个受苦阶段。意识到这一点以后，她开始有了一种豁然开朗的感觉。

　　对于我的另一位咨询者小野来说，她一直在替过往那个没有父亲陪伴的小女孩感到担忧，也就是过去的自己。当她回溯童年，尽管她一直和妈妈相依为命，但妈妈并没有成为保护她的人，反而是在四五岁的时候找到了让自己获得一些温暖和支持的资源——家里的一只猫。那只猫一直在身边，陪伴她度过了很多孤独的时刻。小野在和自己的猫待在一起的时候，比和母亲在一起感觉更安全。想到这里的时候，小野也开始变得不再那么焦虑。

　　人生难免经历痛苦，但我们经历痛苦的同时也在寻找资源来帮助自己存活，而这些资源一旦从记忆里提取出来，就可以帮助自己走出创伤，获得幸福。

通过回溯过往，我们看到自己是如何利用资源保护自己的，对我们的潜意识来说，这是一种全新的体验。当我们以这个全新的体验覆盖过去那个旧的创伤体验时，自我疗愈就已经真正地开始了。

4.把未来放在前面，把过去甩到身后

人们痛苦得不能自拔，是因为很多人习惯把过去不好的经历摆在眼前不断去重温。这导致痛苦在不断地加剧，导致改变很难发生。

走出这种模式的方法其实很简单，先制造一个你喜欢的未来图景，并将它放在你的眼前，天天去关注它。然后把那些能引发你强烈情绪的记忆摆到身后，当作成长的背景板。之后，你每天睁开眼看到的就不再是伤害和痛苦，而是未来的希望。这样，你在面向未来的过程中，就会聚焦于如何把愿望变成事实，如何利用当下的资源让自己过得更丰富，慢慢脱离原生家庭带给你的痛苦，真正拥有自由和幸福。

Chapter 2

2

始于讨好的感情终究不属于你

童年里就开始用讨好来交换友情

回想七岁时的生活，你有几个朋友？又是怎样和那些朋友交往的呢？从心理学来看，一个人的人格在七岁以前就已经基本形成了。正因为如此，你在七岁之前用什么样的方式去与人相处，很大程度就决定了未来你和他人的关系模式。

你在童年时期的群体里，扮演什么样的角色？是在群体里非常活跃并且很受欢迎的那种，还是一个人在角落里自得其乐的那种？抑或基于对友情的渴望，但又认为自身没有优秀的特质吸引他人主动和你做朋友，所以你不得不通过一些特殊的"技巧"去换取友情。

如果你属于第一种，那么恭喜你了，你很自信，对于社交，你的安全感十足，所以你不会感到孤单和寂寞；如果你属于第二种，同样恭喜你，因为你虽然内向，但你完全接纳自己这种特质，所以你的生活是安定的，即使和他人关联不多，你也同样能够拥有自己的快乐；如果你属于第三种，那很遗憾，你认为自己不够优秀，别人都比你好得多，而你基于对友情的渴望，不惜把自己所有的东西都拿出来作为交换，到头来你发现，你在他人眼里只是个友情的乞怜者，而不是被他们平等看待的好朋友。我的一个来访者逸阳，就属于第三种类型。

1.用一个玩具换来的朋友，是不会真心的

逸阳是一个留守儿童，父母南下打工，每年只能回来一次，她和爷爷奶奶住在破旧的平房里。爷爷奶奶忙于种地和做手工制品，没有时间照顾她，有时甚至一天也难得和逸阳说上一句话。逸阳对我说："那种孤独感，比饿肚子还可怕。"

逸阳的天性是很活泼的，奈何成长的环境无法在她活泼的天性上面赋予自信和自尊的力量，让她空有对亲情和友情的渴望，却只能坐在自家门前看着其他的孩子在河边玩耍，没有人来找她一起玩。有一天，奶奶对闷闷不乐的逸阳说："还不是因为咱们家穷，你爸妈半年都没有寄钱回来了，谁看得起我们

啊！"逸阳从奶奶的话里形成了一个逻辑——原来是因为没钱，如果我有钱就会有朋友了。

过了一个月，逸阳的父母回来了，还给她带了一个礼物。逸阳欣喜若狂，那时的她只有一个冲动，要拿着这个玩具去交一个朋友，她成功了。附近的女孩来和她一起跳皮筋，因为逸阳把那个未拆封的白雪公主的毛绒玩具送给了她。

逸阳以为她有朋友就再也不会孤独了，没想到这样的友情只保持了一个星期，女孩不来了，理由是她的爸爸托人给她买了三个娃娃。逸阳的世界坍塌了，玩具送出去了，朋友也没有了，她再一次回到了形单影只的生活。逸阳说，很多人的童年创伤是因为父母的离异或是对自己的责罚，自己不太一样，她的问题是没朋友、被周围的人疏远。

对于一个留守儿童来说，在一个渴望爱和关怀的年龄里，父母给不了这些，她为了补足，会本能地去寻找另一个出口。殊不知，父母的关爱和友情的差别是很大的，纵然舍弃最珍贵的玩具也是徒劳，别人手里没有她所需要的那种可以补足她安全感的爱。逸阳当时肯定不会明白这些，这也导致之后的成长过程里，她一再无助地重复着类似的逻辑，又重复体验着被拒绝、被抛弃的挫败。

2.付出不求回报，却吓跑了真心想交往的朋友

从逸阳的故事里，我们看到一个从小在孤独中求友情的人。经历了"玩具事件"后，逸阳并没有放弃，她把女孩的离去解释为自己的资源不够，所以没能留住朋友。于是，在她身上又发生了一件让人感到无奈的事情。

有一次，已经上学的逸阳从回家的父母那里得到了二十块的零花钱，这对逸阳来说应该算是一笔巨款了。她当时正处于和新同桌发展友谊的关键时期，第二天她就把钱带去学校，直接送给了同桌的女孩。因为逸阳知道对方的父亲生病了，想用这种方式让对方好受一些。

雪中送炭是发展关系的最佳时期，逸阳仿佛看到了成功的曙光。直到一个月后，同桌的女孩要把二十块钱还给逸阳，逸阳却像触电般地把对方的手挡了回去，逸阳说："不要了，不要了，你拿着吧。"

在逸阳的逻辑里，自己的同桌之所以愿意继续和她交往，

全都是因为那二十块钱，如果她拿回来，就等于切断了她们的友谊。所以，无论如何她都不会要回本就属于她的二十块钱。然而，逸阳的这个行为非但没有让对方有一丝感动，反而令对方感到震惊和害怕。欠债还钱属于天经地义，为什么我还钱给你，却好像伤害了你呢？同桌在看到了逸阳反常的举动后很是费解，之后悄悄地把钱塞进了逸阳的书包，还主动找老师调换了座位，逸阳再一次感觉自己被抛弃了。

找我咨询的时候，逸阳已经三十岁了，其他人咨询的问题多是关于婚姻和情感方面的，逸阳还因为友情的问题走不出自己的困境。她虽然知道过去试图用物质去交换友情是错误的，却找不到更有效的办法来打破自身的障碍。

她告诉我，正因为一直没有跨越这个阻碍，所以择业时选择的是与孤独为伴的设计师，陪伴她的只有电脑和图纸，以及仅限于业务联系的客户。我问逸阳咨询的目标是什么，她说自己需要朋友，哪怕只有一两个也好。

我告诉逸阳："你需要的不是朋友，而是坦然结交朋友的能力，这种能力能彻底解除你内心的痛苦。"

3.修复一个能力，只需要做一个减法，再做个加法

十万个想法加起来，都抵不上一个信念的影响力大。我接触过很多的留守儿童，他们和逸阳一样经历贫穷，和少言寡语的老人一起生活，但只有逸阳如此孤独，对友情求而不得。原因很简单，她的内在产生了一些错误的信念，她把奶奶的那句"还不是因为穷"内化成了一种信念，而不只是一个想法了。她认为之所以没人和自己玩，是因为她穷，而她用毛绒娃娃换来了短暂的友情这件事更印证了这个信念，让她认为物质可以换来友情。

她按照这样的信念，把自己的二十块零花钱送给同桌的女孩，不仅没换来朋友，反而把对方吓跑，她由此产生了另一个信念——原来物质都帮不了我，肯定是因为自己太差劲了。这种自贬的想法彻底封死了逸阳对于友情所有的希望，从此以后，她再也不敢主动和任何人交往了。

逸阳的这两个信念极大地限制了她和别人的关系，她觉得友情是靠物质建立的，这表现出了她对人性极大的不信任，她认为人都是趋利的，所谓的真心都是建立在物质基础之上的。

而"我很差劲"的自贬认知让她无时无刻不释放这样的信号，又有谁会欣赏她或者靠近她呢？

当我对逸阳说出这两个潜在的信念时，她恍然大悟："原来是这样，我从未想过自己心里还藏着两个魔鬼。"

是的，所谓的限制性信念就是使我们无法建立良性关系的"魔鬼"。也因为这样，只要我们放掉内心的"魔鬼"，就可以真正地改变自己。

我对逸阳说："如果你把这两个信念往积极的方面引导会是怎样的呢？"

她说："第一，友情与物质无关。第二，我是优秀的。"说完这句话，逸阳的表情开始变得轻松起来。

我们在做了减法之后又做了个加法，也就是给人增加了一个新的认知，关于人与人交往的平衡法则。所谓平衡法则，指的是在人际交往中，其中一方付出多少，另一方最好可以等价地进行回馈。人的内在都有一个隐形天平，一旦亏欠了谁，就会导致天平倾斜，也会影响内在的清白感。

所以，施与受的平衡法则在友情里的体现就是，你今天给了我什么，我不一定明天还同样的东西给你，但日后一定会把等价的东西回馈你。这样，双方都会轻松愉悦。而逸阳当时会吓跑同桌，正是因为她单方面地破坏了平衡，而对方无法承受，只能与她保持距离。

在咨询结束的两个月后，逸阳给我发来消息，她说现在的自己有朋友了，是一个找她做过设计的客户，对方欣赏她的才华，而她喜欢对方的开朗和自信，这一次她并没有急于付出什么，却意外收获了她原来可望而不可即的友谊。

她还对我说："别人用三天就学会的事情，我用了三十年，绕了一大圈才发现，不是我不好，是我错误的认知束缚了我。当我给自己松绑之后，不仅获得了自由，友谊也不再是镜花水月，而是变成了我生活中的标配。"

你的委曲求全正在抹杀你的拼尽全力

提到"委屈"这个词，你会想到什么？

以我这些年对周围的人和咨询者的观察，我发现但凡在人际关系上出现困扰或者存在一些心理问题的人都有一个共同点，就是他们的内心充满了委屈。而且大多数人都习惯性地将委屈藏在心里，时间可能长达几十年，直到不堪重负。

那么，这些委屈最开始是从哪里来的呢？

1.从父母的"你不许"和"你必须"开始

人的受苦模式是分阶段的。第一阶段是在童年时期，父母用一些不恰当的方式对待孩子，孩子无力反抗，就开始被动受苦；第二阶段是在成年后，虽然离开了父母和家庭，但童年的生存模式却存在于心里，于是，身边人都变成了他们的"父母"，他人的需求都比自己的重要，所以他们像小时候满足父母需求一样满足其他人的需求，这就是无意识地主动受苦。那么，父母的哪些行为会直接导致孩子受苦呢？

很简单，一个是"不允许"，一个是"必须要"。比如，一个孩子看到邻居家小孩在吃糖，他也想吃，但妈妈拒绝了他："吃糖对牙齿不好，所以你不能吃。"孩子哭了，妈妈又呵斥他："不许哭！"

糖也吃不到，还不许哭。这会给孩子什么感受呢？他会觉得自己没有价值，觉得自己不被重视，他的委屈也就开始了，这就是"剥夺"。小到一颗糖，大到一个理想，父母的拒绝和否定会让孩子觉得自己微不足道，也会让孩子因此开始屏蔽自己的需要，或者从此变得无欲无求，忍气吞声。

让孩子感到委屈的，除了剥夺，还有将自己的意志强加于孩子。很多父母在和孩子说话的时候经常用"你必须"来开头，比如，孩子不爱吃土豆，父母认为吃土豆对身体是有好处的，于是命令孩子必须吃完。长年累月的强迫导致孩子每次吃饭都很委屈，多年来食不甘味，也影响了自己的肠胃状况，这个例子是《亲密关系》的作者克里斯托弗·孟的经历。他说父母为了让他吃土豆，使尽浑身解数，给他带来了很大的痛苦。也有的父母会让孩子完成自己没有实现的梦想，比如，父母曾经的科学家梦想、医学梦想、音乐梦想，等等。在这个过程中，孩子累积最多的就是委屈。

我们最初应对世界的方式，都是从父母那里学来的。

2.成年后把委屈埋在心里

读者慧子找我咨询时，印象最深刻的是她的话语模式，她常挂在嘴边的就是"老师，我都可以"和"老师，谢谢你"这两句话。谈到她的童年时，慧子说她是家里的大姐，还有一个弟弟和一个妹妹，慧子读初中的时候，弟弟和妹妹都还在上小学，他们经常在慧子学习的时候捣乱，拿她的文具玩，慧子有时会大声呵斥他们，父母听到之后反而骂慧子："你这么大了还欺负弟弟和妹妹，一点儿姐姐的样子都没有！"

除此之外，慧子还要时常为弟弟和妹妹做饭、洗衣服，她虽然年长几岁，但也还是个孩子，父母不但没有好言相对，反而对慧子说："照顾弟弟妹妹是当姐姐必须做的。"慧子没有自己独立的空间，被弟弟和妹妹烦扰也不能制止，慧子感觉自己在家里很多余，心里有很多的委屈。而她找我咨询是因为觉得自己在部门里倾尽全力去工作，但从来不受重视，加班名单里总有她，但升职加薪的名单里从来没有她。

我问她："对于这样的情况，你曾经做过什么呢？"

慧子摇了摇头说："我不知道该怎么做，害怕弄巧成拙让自己连这份工作都失去了"。

是的，习惯委曲求全的人都有被抛弃的恐惧。因为父母在童年里对自己种种的剥夺和强迫，言语之外还有很多威胁，类似"如果你不照我说的做，我们就会如何如何你"这样的话。当这种恐惧感烙印在心里，委曲求全就成了他们在各种关系中的保护膜。只要听话就不会被父母抛弃，只要按照父母的要求做就不会受惩罚，久而久之，孩子反抗的力量就全都被心里的恐惧感给压下去了。

慧子在目前就职的公司已经好几年了，一直兢兢业业，却并没有坐上自己想要的位置。公司领导虽然重视员工勤恳的态度，但更欣赏那些有想法、有魄力的人。慧子工作虽然认真，但整天埋头工作的样子没能让领导看到她的力量，领导也因此不能对她委以重任。

他人是否重视你，取决于你是否重视自己。对于这些委曲求全的人来说，如果他们选择屏蔽自己的需求和感受，一味地顺从与讨好，那么任何人在他们面前都会成为榨取者，甚至会像他们的父母一样，对他们提出很多要求和命令。

3.如何消除自己的委屈感

长大是一个无须努力的生理过程，这就导致我们在无意识的状态下，把童年时期所有好的、坏的都当成了包袱背在身上，并且内化于我们的潜意识里。当我们的生活里出现一些困扰或阻碍时，一旦我们停下来去仔细觉察，就会发现我们背负了太多无谓的东西，比如我们一直在着重讲述的委屈。

觉察是改变的开始。若要摆脱委屈感的束缚，就要先从自己的委屈模式开始入手。比如，当慧子发现自己小时候把很多委屈藏在心里，又把这些委屈带入现在的工作和生活里时，她开始有了很大的释怀。原来不是自己讨人厌，也不是自己天生倒霉，而是因为自己把其他人都当成了"父母"，才不敢对他们有丝毫的懈怠和反抗。

第一，告诉自己，他们不是父母。

成年后的一切社会关系都是我们与父母关系的延续，如果要改变委曲求全的关系模式，我们需要在和任何人产生关联之前，反复告诉自己：他们不是我的父母，他们是和我平等的人。这样的提醒会让你更加理智，也会更有力量。

第二，我拥有更多选择。

因为不把其他人当作自己的父母，你也不再是那个没有反抗能力的孩子，所以我们有了更多的选择。如果有人对你有强加的要求，就可以用委婉拒绝来代替原来的无条件服从；当面临他人的剥夺和指责的时候，也可以用描述感受来代替默默忍受。而这些，正是你自我保护的开始。慢慢地让别人看到你的力量吧！

第三，昂首挺胸面对生活。

一个人的体态可以反映她的心理状态，反之，改变自己的身体语言，也可以逐步地改变一个人的内在。一项心理学调查显示：很多习惯委曲求全的人都有一个很常见的身体姿势，就是低头含胸。而这样的姿势，仿佛在告诉别人自己是没有力量的，是可以被任意指责和攻击的。所以，改变委屈模式的最后一步，就是需要我们改变自己的体态，走路时挺胸抬头，与人交流时直视对方眼神，这些都是在给他人释放信号：我是有力量的，我是可以为自己做主的。他人在收到这个信号之后，就不会再用原来的方式对待你，而会给你更多的尊重和自由。

按照这三个步骤反复练习，你将从过往那个言听计从的人变成一个有主见、懂得保护自己的人，你将摆脱自己童年的受苦模式，成为自己人生的主人。

为什么不能"亏欠"别人

　　曾经和一个开饭店的朋友闲聊，她对我说："吃饭的人买单方式有四种：第一种是上班族的同事采取AA制，他们来的时候心情愉快，走的时候也谈笑风生；第二种是客情宴请，一个公司要把产品销售给另一个公司，因此心甘情愿地买单；第三种是情侣，约定俗成由男士买单，所以毫无争议；而最后一种就很微妙……"这个朋友经常看到几个人一起来吃饭，过程特别开心，但到了结账的时候就变得混乱。几个人都抢着买单，但总有一个人表现得特别激动，好像不买这个单就吃了亏一样。朋友见过很多次，也不明白原因是什么，难道买单会让人上瘾吗？毕竟争着抢着要买单的人，看起来并不比其他人富有。

　　的确，有很多人在金钱方面是非常自律的，这个自律就表现在他们坚决不在金钱上占别人的便宜，哪怕是一些小事。比如，宁愿自己买单也不能接受别人无故的请客，逛街的时候别人给自己买了根雪糕，很快就找准时机回赠一杯更贵的奶茶。有的人或许觉得这样的人很大方，或者觉得他们在金钱上面毫无挂碍。其实都不是，他们只是恐惧，害怕自己对任何人有所亏欠。

1. 宁愿自己受穷，也不能穷了朋友

之前有个同事叫圆圆，我们一起工作的时候，工资都不高。我喜欢逛街，所以每到月底手头就会很紧，圆圆很少买东西，可到了月底同样愁眉苦脸。有一次又看到她闷闷不乐，我就问她："怎么了？我看你这么节约了，怎么会缺钱呢？"

"我这个月已经接待了三次老家来的朋友，他们一来至少要住两天，每顿饭最低五十块，我的那点儿工资吃不消了。"圆圆把实情告诉了我。

我很好奇地问她："这些人根本没有急事找你，也不是因为家里困难投奔你，你为什么要勒紧裤腰带去应酬他们呢？为什么不把你的困难直接告诉他们？"

圆圆面露难色："他们都是我的朋友，因为信任我才来找我的。"

这就是她的逻辑，别人的信任对她来说价值千金，所以她宁愿自己每次在朋友走后吃榨菜拌饭都不把实情说出来。圆圆害怕说出来会有损自己在朋友心里的形象，别人看待她的眼光就会从欣赏转为同情，这是她最厌恶也是最不愿意接受的。被同情代表自己很弱，而她选择做强者，哪怕只是装出来的那种强。

2.不敢接受他人礼物，认为受之有愧

像圆圆这样的情况在生活中并不少见，几乎不在他人面前展示自己的脆弱，对他人的请求却毫无抵抗力。除了这些，还有另一种社交情况也经常会给人营造假象。比如我曾经的一个叫西西的同事。有一天，其他的同事出国旅游回来给每个人都带了份礼物，都是一些小饰品，价格并不昂贵，我们都高兴地道谢并接受了，除了西西。

西西自从收到礼物之后就坐立不安，她似乎因为这件小事而感受到了特别大的压力。第二天她就拿着一个精美的笔记本，

专门回送了那个同事，还说这个笔记本是自己去年旅游时买回来的。西西的行为赢得了其他人的赞赏，但我却看到了西西内心不为人知的忐忑。她无法坦然地接受任何人的礼物，不是因为礼尚往来的客套，而是她害怕这样的事情。

恐惧是剥夺人理智的元凶，而很多人却带着恐惧去处理关系。后来我和西西熟悉了，才明白原来她和圆圆一样，生活很节俭，对其他人却很大方，很多时候都是别人请她们吃了一顿饭，他们要回请两顿才安心。他们的内在有个逻辑，就是不及时、加倍地回馈意味着对他人的怠慢，怠慢代表存在失去朋友的风险。回溯其童年经历，西西和圆圆都出生在比较贫穷的家庭里，而且在成长的过程中，父母都没有在她们身边。在西西的记忆里，自己问父母要一块钱买铅笔都非常艰难。而圆圆的父母则对她说过"你今天用了我的钱，不能白用，以后都要还的"这样的话。

正是这些事件的积累，让他们对人际交往渴望又惧怕。一方面，很希望与人建立紧密的联系；另一方面，又害怕自己在物质上面亏欠了对方，遭到对方的抛弃。为了平衡这个矛盾，就发展成了极度的自律。哪怕自己再穷，哪怕对方再有诚意赠送自己东西，她也要立即加倍地回馈对方。

3.主动请客，迅速还礼，并不能让自己更受欢迎

以圆圆和西西为代表的这类人，因为害怕被人抛弃，在物质上不敢对他人有丝毫的怠慢，也因此对他人和自己有了双重期待。一方面，克制自己以便可以多在金钱上为别人付出，赢得信任和好感；另一方面，自己无条件去帮助别人，在这种苦心付出之后，她对别人产生了一种期待——请你们把我当成最好的朋友。

第一个期待是自己可以竭尽全力完成的，无非是多付出，多回馈，而第二个期待却经常落空。他们会慢慢地发现，无论自己多么用心，多么主动，始终都无法真正拉近和这些人的距离，这是什么原因呢？是因为他人不珍惜、不欣赏他们的慷慨吗？其实恰恰相反，凡事过犹不及，朋友间的交往讲究坦诚和自然。

你在别人面前掩饰自己的困境并且无节制地给予，这是不够坦诚也不从容的表现。如果你得到别人送的一个并不昂贵的礼物，毫无欢喜之心，反而背负压力用等价的礼物回送，这就相当

于把两个人的关系放在心里的天平上衡量，既不自然，也会让对方有想要保持距离的感觉。因为他能从你眼睛的不安里看出自己的"恶"，可是，没有人应该承担这份本来并不存在的"恶"。

4.培养自己的值得感，才是发展关系的软实力

心理学中经常会用一个词叫"值得感"，指的是一个人认为自己值得拥有一切美好的事物和感情；反之，如果一个人基于对自己的负面评价，值得感过低，就会觉得自己不配拥有任何东西。

一个人的值得感，主要是从童年时与父母的关系互动中获得的。比如父亲给你买了一双新球鞋，虽然花了他半个月工资，但他心甘情愿地说："孩子，没关系，你值得这么好的东西。"那么，你的内在就会记录这句话，无论你将来出入多么高档的场合或是收到多么贵重的礼物，都不会有任何的紧张和畏惧，反而会彬彬有礼地表示感谢，而你这种放松自如的感觉会让对方更轻松地面对你，也认为这个礼物送得很恰当。

情绪本身也是一种能量，你掩藏的那部分情绪也会成为你和他人之间的一堵墙。就算你再靠近他人，再用心地回馈对方，

也只能发展出一种表面的亲近关系，实则造成人际关系中的距离感。那么，如何消除这种与别人交往中的距离感呢？

第一，给自己买喜欢的东西。

对于值得感不强的人来说，他们宁愿把钱省下来帮助朋友或者买东西送给朋友，这其实是在掏空自己。要打破这个习惯模式，最好的开端是从此刻就开始好好照顾自己，哪怕是从买自己当下心仪的东西开始。要记住，当你把喜欢的东西买回来之后，一定要马上就使用而不是收起来。在这个过程里，你的内在会得到关怀和滋养。

第二，学会拒绝。

对于从来不懂得拒绝别人请求的人来说，学会拒绝是拥有值得感的必经之路。这个过程里我们需要不断地给自己一种暗示，拒绝对方是我的选择，无关善恶；我选择拒绝不是因为对方不好，也不是我不好，只是因为时机不对。比如，我没有足够的钱去支持对方，我和他的关系没有好到那种程度，等等。

对自我的有力说服，可以帮助自己开始学会拒绝。

第三，对待别人的礼物，延期回送。

如果你收到别人的礼物就马上买一个等值的礼物回送，只是因为担心别人说自己喜欢占便宜，其实这是源自童年某个限制性信念。要打破旧的信念，首先要建立一个新的信念。比如，不断地告诉自己朋友间的分享是必要的互动，这个分享包括物质和金钱，也包括时间和精力。

别人愿意和你分享，在以后合适的时机，你同样可以与对方分享你的成功和喜悦。当你在人际关系中是自然和轻松的状态，把自己看得和他人同样珍贵时，你就开始产生值得感了，你不必随时战战兢兢地对别人付出金钱或是精力，同样能获得高质量的关系。因为你本来就很好，本来就是值得的。

喜欢被关注，有错吗

　　来访者莉莉最大的苦恼是自己总得不到别人的关注。三十岁的她，有了自己的家庭和孩子，但平常的穿衣风格很多变，今天穿蓬蓬裙，明天穿西装，后天又是嘻哈潮服，一周七天，风格都不同。

　　我好奇地问她："你是搞服装设计的吗？看起来很喜欢钻研穿衣搭配啊！"

　　莉莉兴奋地答道："我不是搞设计的，就是爱好这些。怎么样，老师也觉得我做得很好吧？"

　　我点了点头："是啊，看起来很有新意和活力。我们的生活节奏那么快，很多人每天早上选择穿什么衣服都要头疼好一阵，而你却在这件事上乐此不疲，很好啊！"

听完我的话，莉莉更高兴了："老师真是好眼光！听你说话也很开心，可是为什么其他人就看不见，就说不出这些话呢？"我问莉莉其他人指的是谁，莉莉说是公司的同事、自己的亲友，甚至还有路人。

1.为什么有些人总是希望被聚焦

像莉莉这样的女孩，为了能够呈现出穿搭方面的新意，不惜每天比同事早起半个小时来挑选衣服，周末更是把时间都用在浏览电商网站上，难道她真的只是对服装搭配感兴趣吗？我注意到她在我夸完她之后的反应，那绝不是由于兴趣，而是心里有一个很深切的期待——我期待所有人都看到我，这种期待就是被聚焦的幻想。

所谓被聚焦，就是希望自己成为"目光收割机"。无论走到哪里，只要是有人的地方，就希望大家纷纷来关注自己。这样的例子并不少见，比如，时下流行的网络红人，一些人是想要通过"爆红"而接触到更多赚钱的机会，而另外一些人则是希望得到更多人的关注。那么，到底是什么信念驱使这些人那么迫切地想要得到他人的关注呢？

为此，我问莉莉："当他人关注你的时候，你能得到什么呢？"

莉莉说："能够得到欣赏啊，还有羡慕。"

"那你又能从这些欣赏和羡慕里面得到什么呢？"

莉莉思考了一下，回答："证明我是很优秀的。"

从她的回答中可以看出，像莉莉这样渴望成为焦点的人都藏着一颗亟待被表扬和被肯定的心。内心的信念是需要被表扬，而要获得表扬的最佳途径就是让更多人关注自己。那么，如何去获得更多的关注呢？

对于一个女孩子来说，通常最直接的途径就是通过外表去吸引他人。就如曾经红极一时的电视剧《欢乐颂》里面的樊胜美，她虽然出生在一个很贫穷的家庭，但是为了吸引他人的注意，她把自己装扮成高贵、优雅、紧随潮流的样子。她多次出入高档场合，都能成功吸引高端人士的眼光，甚至连室友们都以为她是大家闺秀，只有她自己知道这背后的反差和辛酸。

2.为什么他们需要这样的关注

如果仔细观察一下周围的人就会发现，其实大部分人并没有对被关注的高度需求，相反，很多人还甘愿被人群淹没，最好不要有人过于关注自己才好。比如《欢乐颂》里的另一个人物代表关关，她虽然出生在大城市的书香门第，自身也落落大方，但是她并不渴望他人过多地关注自己，反而甘愿躲在室友身后，做个默默无闻的小跟班。这又是为什么呢？

这两种不同类型的人，原生家庭存在着巨大的区别。比如樊胜美出生的环境简直可以用糟糕来形容，父母极度重男轻女，在家里是没有人关注她的，更没有人会对她予以肯定或是表扬。没有人关注和不受表扬容易让人产生一种不被重视的想法。

在很多时候，我们需要通过被重视来获得自己存在的价值和意义。于是，那些在童年里没有找到价值和意义的人，长大以后总有很大的期待，总是想方设法地获得其他人的关注。如果成功了，就欢呼雀跃；如果失败了，就沮丧懊恼。这些人的情绪是很容易受到外在的影响的，因为他们把快乐和幸福全都寄托在别人身上，几乎失去了对自己的控制权和主导权，因此很容易滑向情绪的两个极端。

3.你欣赏自己吗

人类是群居动物，离开了群体就很难生存。对于那些从小就没有体验过爱和肯定的人来说，他们毕生的追求莫过于用尽心思去成为人群的焦点，这是典型的向外渴求的过程。也就是说，一个人觉得自己身上没有某样东西而别人有，因此要花尽心思去向别人要；可是这东西如果直接伸手要，就会显得像乞丐一样卑微，所以这类人就会用一些计谋，让人心甘情愿地把那个东西给自己。结果看上去很美妙，可问题是，如果别人手里没有这个东西或者别人不愿意满足你这个期待呢？

比如，除了通过打扮来吸引他人注意以外，还有人通过在朋友圈发图文的方式来获得存在感。我认识一个姑娘，每天早上都晒自拍照，几经修改的照片几乎完美无瑕，可是关注她朋友圈的人并不多，而且大家也都知道她的真实面貌，给她点赞的朋友寥寥可数。她非常失望，一怒之下删了朋友圈里的好多人。这就是期待落空后的失控行为。

回溯到童年，这个姑娘的学习成绩优秀，很受老师的重视，后来，班里转来了一个成绩和她不相上下的女孩，长得也很好看。有一天，她无意中听到了老师们聊天，其中一个老师说："这个女孩真是优秀，让人忍不住喜欢。"

听到老师表扬其他的女孩，她不但没有认同感，反而有一种被抛弃和被羞辱的感觉。苦于无法和老师对抗，她只能默默地伤心和愤怒。从此以后，她不再好好学习，而是去模仿那个被老师夸奖的同学；但是越学越偏，不但没有更受同学和老师的欢迎，反而因为穿着不得体而遭到了嘲笑。因此，她开始经常陷入想要却得不到的痛苦里。

后来我问她："你那么希望得到别人的喜欢，那你喜欢自己吗？"

她突然陷入了沉思。是的，当她一直在向外寻求认同，认为只有别人的肯定才能赋予自己价值的时候，她完全忘记了应该怎样看待自己。我建议她每天在打扮之前先好好看看自己，或许就会有答案。

无论是莉莉还是这个姑娘，她们都在找寻别人的关注，在这个过程里，她们费尽心机，却历经挫败。原因只有一个，她们从未好好看过自己，更没有真诚地肯定过自己。这就会产生一个问题，在你自己都不能用心关注自己的时候，谁又能真正地关注你呢？

4.改变信念，积累对自己的欣赏

人们拼命地想要得到一样东西，然后尽情地去享受快乐。

何不绕过第一步，没有任何条件地直接享受当下的快乐呢？

自我价值也是一样，很多人在经历一些别人的打击或者指责之后，就自动地和别人一起来抹杀自己的价值。没有价值等于没有意义。因此，为了获得自己的存在感，这些人只能去别人手里讨要价值，因为他们以为这个世界上只有自己是没有价值的，而别人却有。然而，他们忘记了，生存本身就是一种价值，只不过有的人习惯向外探寻，完全忽视了自身价值的存在。那么，如何改变这种现状呢？其实，只要转换一个信念，放下一个期待，然后重建一个习惯就可以做到。

比如过去你的信念是我只有获得他人的关注，才是优秀并具有价值的。现在将这个信念转化为我本身就有价值，无论一个人怎么看我，还是一万个人怎么看我，都不影响我的价值本身。

这样放下期待：过去我希望别人关注我、表扬我，现在我不需要了，因为我知道关注和价值本身是没有直接关联的。

重建一个习惯：过去习惯是，我每天都在揣测别人的心思，看看别人喜欢什么，对什么感兴趣；今后我要花心思想我自己喜欢什么，对什么感兴趣。

　　在这个过程里，你会看到一个更鲜活、更立体的自己，然后，你开始肯定自己，认为自己也是足够优秀的，你是爱自己的。所以，一切都不是你的错，你只是需要把放在别人身上的关注和期待收回来，放在自己的身上就可以了。

不必成为别人的"情绪垃圾桶"

　　最近有几个朋友问了我同样的问题——该如何拒绝别人疯狂的抱怨？比如小鹿，她是我"心灵成长课"上的学员，来上课本来是为了解决自己婚姻中的问题的，后来我发现她在婚姻问题的背后，其实藏着另一个问题，这就是她一直扮演一个并不擅长的角色——拯救者。

　　所谓的拯救者，是因为有了加害者和受害者这两个角色而产生的。所谓的加害者，就是那个给别人制造痛苦和伤害的人。比如家庭暴力的施暴方，出轨的一方，抑或一个强势的母亲、一个刁钻的婆婆，他们都有可能在无形之中让人感到痛苦。

　　当一个儿媳妇一直觉得婆婆太过跋扈，什么事都挑刺儿，那么这个儿媳妇就会给婆婆贴上"恶婆婆"的标签，而她既没有能力搞定婆婆，又无法承受婆婆带来的伤害，所以她就成了受害者。那么拯救者是谁呢？

对于一个儿媳妇来说，当她搞不定婆婆的时候，她最先求助的人一定是老公，她期待老公为她做主，帮她摆平他的亲妈，只可惜很多男人都不是"双面胶"，除了逃避，他们什么都做不了。那这个儿媳妇怎么办呢？

人都有几个方面的社会支持系统，在家里是父母、兄弟姐妹，或者爱人、孩子，在外面有同事和朋友，如果再扩展，还有关于自我成长的书或是相应的课程。一个被婆婆欺负的儿媳妇在得不到丈夫的帮助以后，只能求助外援。

如果身边正好有个朋友或者闺密，她不排斥这个儿媳妇的抱怨，也不排斥她三番五次地找她倒苦水，那么这个朋友就成了名副其实的拯救者。

以上就是小鹿的亲身经历，她的朋友小小和婆婆关系很糟糕，小小没有办法处理好婆媳关系，所以隔三岔五找到小鹿，一见面就只有一个主题——喋喋不休地抱怨婆婆。这样的情况已经持续两年多了。也就是说，一个女人停留在痛苦的原地已经两年，而且为了使自己不那么孤独无助，她把小鹿也拉下了水。

小鹿对小小的抱怨一直很耐心地倾听，她认为分担朋友的痛苦是应该的，也认为被朋友绝对地信任是荣幸。但是，最近她开始意识到了不舒服，再一次听完小小的抱怨后，她一整天都烦躁不安，甚至莫名焦虑到失眠。

她终于想要解决这个问题了，于是找我咨询："老师，我该怎么拒绝她呢？"

1.先搞清楚，你是从什么时候开始做拯救者的呢

虽然小鹿说她只做了两年的倾听者，但我认为这是她从小养成的习惯。一个成年人的社交模式，基本是童年时和父母关系模式的延伸。

对于一个孩子来说，在这个世界上建立的第一个关系，就是和父母的关系，尤其是母亲。而这个关系的模式，一直存在于孩子的潜意识里，之后的若干年里，这种模式只是像电影重播一样，不停地循环。

我问小鹿："你和妈妈平时都聊些什么，妈妈喜欢聊天吗？"

我并没有直接问她妈妈是不是喜欢抱怨，但小鹿马上恍然大悟："我妈妈和小小一模一样！我从记事开始，就一直在听我妈

妈抱怨爸爸，我现在三十多岁了，妈妈的抱怨还都没有结束。"

这就验证了小鹿的拯救者模式是从小就习得的。我们仔细观察就会发现，如果你身边有个爱抱怨的人，而且喜欢找你抱怨，那么你很有可能是被他们发现身上具有拯救者的特质。那为什么我们小时候要听妈妈那些无尽的抱怨呢？

第一，我们不懂得选择。小时候的我们没有分辨能力，根本分不清楚哪些话是积极的，哪些是消极的，所以只能全盘吸纳。

第二，我们心疼妈妈。当妈妈诉说她的痛苦时，我们就百分之百认为她痛苦，所以很愿意为她分担。

第三，获得自我价值。虽然我们弱小，无法替妈妈抵挡风雨、摆脱痛苦，但我们可以充当情绪的垃圾桶，听听妈妈抱怨，至少她不会将苦楚郁结在心，也会因此更加喜欢我。

以上三点，是我们童年时甘愿聆听妈妈抱怨，甘愿以小小身躯从妈妈那里承接那些负能量的原因。

而成年之后，我们之所以继续听周围人的抱怨，一来是习惯使然，二来是在这个过程中获取自己的价值，通过承接他人的负面情绪来证明我们是有温度的、宽厚的，是值得别人交往和信任的人。

2.听别人抱怨，真的可以拯救她吗

如果一个人因为某件事而感到痛苦，那么找人倾诉是很好的缓解方法。这在一定程度上是正确的，但是凡事都要有个度。这和哭是一样的，当你很悲伤、很委屈时，你当然可以选择用眼泪去宣泄情绪。但是如果你让自己不停地哭，那不仅会伤害自己，严重的还会引发心理疾病。因为你哭这个行为是和那些悲伤的事件联系在一起的，你哭一次，就相当于重温一遍那些事的细节，痛苦也会因此而加深。

抱怨也是一样，著名的心理学家杨凤池说自己在做心理咨询时很少给来访者提供不断重复痛苦经历的机会，他说重复的抱怨是让那些事情在潜意识里生根，而拔除是特别难的。

所以，当我们把自己的精力和时间都用来倾听朋友的抱怨时，我们并不是在拯救他，而是在把那些习惯抱怨的人往更深的痛苦里推。那么，接纳别人的抱怨对我们又有什么影响呢？

情绪本身代表着不同的能量，而每个在我们面前抱怨的人，都在释放着怨恨、焦虑、恐惧、悲伤、无助、愤怒等能量。假如我们自己不曾觉知，这些低频能量就会被我们吸收，拉低我们的情绪能量。

这也是小鹿的心得，她说本来就感觉自己不是很乐观的人，每次听完妈妈或者小小的抱怨后，就发现自己变得特别烦躁。所以她明白，倾听别人无尽的抱怨，不光解决不了对方的问题，也会把自己陷入坏情绪的深坑。这是非常糟糕的体验。

3.如何脱离拯救者的角色

第一，在放下一个角色之前，我们需要给自己有力的提醒：拯救者的角色于人于己都是不利的，所以我们必须让自己选择停止。这是一个仪式，是让自己摆脱拯救者的身份，不做他人情绪垃圾桶的一个宣言。

第二，我们需要认清楚另一个至关重要的事实：我们是否选择做一个倾听者，都是一个有价值的人。人生来就是有价值的，这无须验证，是既定事实。

第三，改变自己的交友圈，当我们属于"拯救者体质"的时候，吸引到的朋友大多是喜欢抱怨的人。当我们不享受这个身份以后，我们要做一个改变：去结交一些积极开朗的朋友。这是给自己正向调频，是提高生命能量的捷径。

最后，让自己变得积极，用热情去影响我们周围的人。我特别认同一个理论，我们很难用道理或者建议去帮助别人解决问题，让他们停止抱怨，却可以用积极和正向的面貌去影响他人，帮助他们迎接生命的阳光，让他们主动停止抱怨，做自己的拯救者和美好生活的开创者。

你这么牺牲，到底是为了谁

最近，有人问我："你对自己慷慨吗？"

我说："我认为足够了。"

她又问我："你是怎么做到的？"

我答："我没有刻意做什么，我认为自己很重要。"

她没有再说话。这是我的一个新读者，她的问题促使我好奇地打开了她的朋友圈，并从中发现了一些端倪。第一条写道：今天陪同事逛街，腿都酸疼了，她都没有买到合适的衣服，好无奈啊。第二条：今天好不容易出夜班，却要陪婆婆看病，折腾一天下来发现婆婆比我还健康。第三条：今天我轮休，本来想去看个电影什么的，结果老公有客户要来，非得让我一起去接待，好吧，我等了十天的一个休息日又泡汤了。

......

　　我马上意识到，这是一个典型的自我牺牲者，如果再加一个形容词，那就是典型的无底线的自我牺牲者。难怪她会问我"对自己是否慷慨"的问题。只不过她一边被这样的模式所束缚，一边又因为没有勇气改变现状而感到困顿和无奈。

　　我们身边有很多这样的人。因为在从小的教育环境里，就被大量灌输"先人后己"的观点。甚至在很多传统文化中，如果一个人太过在意自己的感受，太过满足自己的需求，轻者被称为自私，重者则为大逆不道。人作为社会的一分子，一直被教育要为国家、为社会、为环境，甚至为身边的人做贡献，却很少听到有人对孩子说："你是很重要的，在为别人付出之前，要先把自己照顾好。"

1.疲于牺牲背后的两股动力

　　表面看来，我们是认同了传统意义上先人后己观念的教导，所以从小就习惯以付出的模式去赢得"关系"，但我在对周围那些极度付出的人进行观察之后发现，他们不仅认同了先人后己的观念，还开始对这样的观念进行深加工，发展出了两种推动他们践行付出和牺牲的想法。

第一，他人比我更重要。

这一条是很"致命"的，在那些"牺牲者"的身体里也是普遍存在的，只是他们没有意识到而已。我的一个老同事依依，就是忘我付出型的典型代表。和我成为朋友以后，她恨不得把自己所有的东西都送给我，项链、衣服，甚至是男朋友刚送她的礼物，这让我很诧异，同时有种想逃离的感觉。后来和她相处久了才知道，她有很强烈的自我抛弃感，这个感觉源自从小父母对她情感上的忽视和物质上的补偿。比如父母常年加班，一年难得陪她一天，于是就给她买很多东西，并且不忘告诉她："你看看，我们给你买最好的，我们是爱你的。"

依依是矛盾的，一方面对这种爱的方式持怀疑的态度，一方面又逐渐内化了这种方式。长大以后，她就不自觉地形成用物质去交换感情的习惯。小到一块橡皮，大到一个金项链，哪怕自己再喜欢的东西，只要身边的人心动了，她都会毫不犹豫地送出去。

每个人都有支配自己物品的权利，但在依依这样的牺牲者那里，他们是主动放弃所有权的。这样的过度分享，其实是在某种意义上切割自己的内心，当事人是很痛的。

第二，以牺牲来获得价值感。

有的心理学家说，人都有一块价值地图，这个地图在人刚出生的时候是完整的，但很多人的地图不幸地被童年的一些经历破坏了，也就是说这个价值地图不完整了。那么，这些人在接下来的人生里都会做一件事：找回那块破损的地图的缺失部分。

他们一般会从以下几个途径去寻找，其一是努力学习和工作，把优秀当成价值；其二是把自己武装起来，让自己看起来很有价值；其三就是在各种关系里，不断地牺牲自我，以期待在别人眼里看到自己的价值。

素素嫁到婆家以后，不仅要努力挣钱和老公一起还房贷，每天下班回来还要帮婆婆做饭，饭后还要陪孩子写作业；周末不仅要负责日用品和食品的采购，还要带公婆走亲访友或者检查身体。当她罗列了自己的日常生活后，我问她："你老公呢？他在做什么呢？"

她答道："他下了班就要去运动，吃完饭得休息，所以我不让他帮我。再说我也习惯了，要是让我歇着，我反而会很难受。"

素素是典型的用忙碌付出来换取价值的人，她之所以心甘情愿为别人服务，甚至毫无怨言地去做那些超过自己负荷的事情，是因为她的内在有很强烈的恐惧感，害怕自己一停下来就会被嫌弃、被看作是没有价值的人。所以，这样的人宁愿扛起重担，也不会停止奉献。

2.通过牺牲换取的关系，都是不稳定的

人做任何事情都是有原因和目的的，作为牺牲者，他们有个内在的逻辑：付出多一些，机会也多一些；牺牲多一些，他人的认可就更多一些。同时，他们在付出的时候是有期待的，期待自己的付出能够换取价值和尊重。但遗憾的是，这样的期待往往是落空的。

第一个原因在于，人的价值是自身建立的，是他人无法给予的，无论你给予别人多少物质和付出多少劳动，别人也给不了你要的价值。

第二个原因在于，当你认同自己是不重要的，你的所有言行都成了一种展示自己不重要的信号，他人在读出了你的信号以后，就不会以珍惜和尊重的态度回馈你，很可能适得其反，他们反而用忽视或冷落的态度对待你。

就如三毛曾在书里写道："父母一直教导我对他人要无私帮助、体贴照顾，不要太自私，不要太自我，等等。于是，在出国读书的第一年里，我主动承包了宿舍所有卫生和整理的内务，给室友提供了很多周到的服务。我以为他们会珍惜和感激，结果发现，我在他们眼里成了无偿的劳动力。"因此，三毛说："他们说吃亏就是占便宜，如今我货真价实地成为一个最便宜的人了。"

是的，当你企图用牺牲和奉献来换取想要的关系时，对方所领会的是你对自己的无视甚至放弃，他们也将用同样的方式来对待你，不差毫厘。

3.给自己一个假设和一个界限

牺牲者的内在有"他人比自己更重要"的错误逻辑，想要改正这个逻辑，其实需要新增一个假设。假定自己和他人是同等重要的，也是具有同等价值的，当然，这本来就是事实。只不过牺牲者的逻辑形成多年，需要用一个替代的逻辑来覆盖它，而这并不是一蹴而就的，需要在每个"牺牲"的念头产生的时候就立即叫停，也需要一个通过假设来说服自己停止的过程。

　　比如依依，她可以重新梳理自己的生活，看到自己因为牺牲而失去的时间、家人的尊重，或是随之而来的失落感。那么，当别人对她提出要求的时候，她就应该停下来告诉自己："我和他人同等重要，我和别人是有同等价值的。"自己的内在承认这个假设以后，就会提供另一种选择来保护你的价值和重要性。于是，你的新模式就诞生了。

　　除了新增一个假设以外，牺牲者还要重新建立一个界限。实际上，一个人与自己的关系里包含着你与自己一切事物的关系。你买的每一个东西，都是在给自己提供服务，所以，每一个都是有意义和价值的。假如你把这些东西随意和他人分享，那就意味着允许他人拿走这些意义和价值，这是主动伤害自己的表现。最好的办法是，你替自己建立一个隐形的围栏，把你珍贵的东西都放进围栏里，并且给自己建立一个分享的规则，最珍贵的不分享、必需品不分享、从不给予回馈的人不分享；可以出于对朋友的感恩而分享，却不会因为试图用物品去换取"关系"而分享。

　　将一个有界限的分享规则与"我和他人同等重要"的假设结合起来执行，必将让"牺牲"这个词从你生命里消失，进而让你获得更多自由的空间，而自由的空间将让你感受生命的活力。

　　一个有生命活力和自爱能力的人，又何愁没有好的关系？何愁没有优秀的人来爱他呢？

你不是情商低，而是对自己太苛刻

关于情商，每个人都有很多不同的理解，其中最难听的解释就是"见人说人话，见鬼说鬼话"，这表示一个人很懂得察言观色，很会处理各种关系。反之，如果一个人无法随时随地理解他人的感受，做不到完全为他人着想，不能在各种关系里游刃有余，就会被认为是情商低的表现。因此，高情商被奉为一种难能可贵的社交技能，是值得所有人去习得的社交工具。那么，情商真的可以通过一些刻意练习来提高吗？

这显然忽视了人的复杂性，人一出生就在应对各种关系，长大以后更是因为受到来自关系的压力而痛苦不堪，而这一切的根源，并非人们真的缺乏某种技能，而是人们忽略了一个重要的点——就是人与自己的关系。

　　如果一个人和自己的关系是糟糕的，就好像内心有一个魔鬼，即使外在有再多的训练，只要这个魔鬼不消失，所有的关系都只能是一种结果——伤害他人，伤害自己。

1.为什么我看谁都不顺眼

　　试着观察一下身边的人，一定有挑剔的人，无论是对朋友、兄弟姐妹，还是伴侣，都看不惯他们身上的很多地方，主要表现就是对他们有各种各样的指责和批评。周围的人在忍受他的一系列不当行为之后，共同的评价基本都是情商太低。小瑶就是这样一个经常被批评情商低的人。

　　我问她："你的最大困扰是什么？"

　　她说："不会说话，经常得罪人、伤害人，想要改变自己。"

　　小瑶最近就把一个朋友得罪了，原因是她的朋友和男朋友是异地恋，男朋友经常十几天都不给朋友打一个电话。她认为这样的男人是不靠谱儿的，就劝朋友分手，找个本地的男人谈恋爱。小瑶当然是好心，但她说的话让朋友难以接受。

　　当时小瑶说："你个死女人，就知道傻等着，搞不好人家在那边都三妻四妾了呢！"

朋友当场就和她翻了脸，说："你凭什么这样说！你哪只眼睛看到他在外面有女人了？"就此再也不理她了。

小瑶的心情很复杂。一方面为自己说的话感到后悔，另一方面又为朋友的感情担心，但不知道该如何处理。除了好心办坏事，小瑶还有个困扰，她发现自己很容易看到别人的缺点，而且总是忍不住马上就给人指出来，甚至予以处罚。

她是公司里的部门主管，总是认为自己的下属工作不够投入，总能看见有人看手机或是拆快递，为此，她选择用罚款或者在周末安排加班的方式来作为补偿，结果导致部门的员工频频离职。

小瑶从自己的角度出发，认为自己以身作则，同时严格要求员工是没有错的。问题是她忽略了员工被惩罚或是被批评的感受，那是一种不被尊重，以及被剥夺自由的伤害，何况员工的行为未必是偷懒或是不认真对待工作。出于这些原因，员工最直接的对抗办法就是离职。小瑶因此非常苦恼，这究竟该如何改变呢？

2.当你不能接纳自己时，你还能接纳谁

在很多人的认知里，一个人对别人横加指责，就是这个人

自我感觉太好了，是自大的表现，他的眼里没有别人只有自己。其实这是一种误解，一个人之所以接纳不了别人，根本原因不是他自信，而是他对自己的接纳度很低。当一个人不能接纳自己的时候，眼睛就好像蒙上了灰尘，看任何人都是灰蒙蒙的，毫无美感可言，只有无休止的挑剔和评判。那为什么这一类人在其他人眼里是自信和自大的形象呢？

实际上，这些人对自己是非常苛刻的，他们看到的自己通常是有很多问题的，对自己也有很多负面的评价和抱怨。为了不让这些不足暴露在别人面前，他们不惜通过指出他人的错误，以及通过言语和行动的包装来显得自己很强大，以期凸显自己的信心。这一切都是通过潜意识来完成的。在理性层面，他们又会为自己总是得罪人、搞不好关系而苦恼。小瑶就是如此。

当我问起小瑶是如何看待自己的时候，她的评价刚开始都是很客观的，说自己小时候学习优秀，长大后工作出色。但说到更加细致、具体的方面，她停顿了好久才告诉我："我觉得我很多方面都不如别人，审美、身高、语言表达，等等。"

我总结了她的自我评价，缺点比优点多，这就证明她对自己接纳度是不够的。那么，为什么一个在客观条件上这么出色的人，自我接纳度却这么低呢？原因还是和童年经历有关。我在与很多来访者的谈话中得出一个结论：一个人对自己的看法，一半是跟随父母对自己的评价，另一半则来自父母对他人的评价。

比如，有的父母本身自我评价就很低，对待别人不是讨好就是指责，那么他的孩子就会模仿，要么喜欢讨好，要么喜欢指责。另外，父母对孩子的评价会直接影响孩子对自己的评价。小瑶说她妈妈对她的身高和肤色都不认同，甚至笑称她是"非洲小黑妹"。小瑶对此很懊恼，一直很讨厌自己的形象，看到比自己形象更好的人，就会无视对方的优点，而尽力找到对方的缺点，在言语上攻击对方。这些都是无意识状态下发生的，但被她认定是情商低、缺乏沟通技巧的表现。

深层次地分析，这种情况属于心理饥渴的范畴，心理饥渴是指一个人在童年里未吸收到足够的心理营养，包括足够的陪伴、关注，以及情绪理解和支持。孩子因此会觉得自己不够重要，对自己产生厌弃感，经常批评和指责自己。所以就有了这个结论——你千万别指望一个不接纳自己的人去接纳和欣赏你，因为他没有这方面的体验。

小瑶知道了自己不是性格缺陷，只是从小被父母看到的都是自己的缺点，这让她的眼睛里蒙了尘，以致很难看到别人的亮点和优势，而只能看到不足和劣势。她需要的并不是去学习任何技巧，而是重新给予自己心理营养，欣赏并接纳自己。

3.扫除灰尘，重新看世界

有一个故事是这样的，一位居士到深山里找禅师请教做人的学问，为了给禅师留个好印象，他提前两个小时就到达了禅师住处的门口，他以为禅师会因此感动并且表扬他。结果，禅师见到他问："你身边的人是不是感觉你给了他们很大的压力？"

居士十分惊讶地问："禅师，我什么都没有对你说，你是怎么知道的？"

禅师回答："你比我们约好的时间早到了两个小时，这就是在给我压力。如果我不为所动，你肯定会对我失望。"居士恍然大悟，禅师又说："你不要试图感动别人，你要做些事情去感动自己，欣赏自己。"

这个简短的故事很好地说明了一个人对待他人的态度都是源于对自己的态度。也由此可以引申出一个逻辑，当你认可自己的时候，你就能认可别人，同时，如果你很欣赏自己，你看别人就很容易看到优点。因此，对于经常被人评价为情商低的人，需要学习的不是如何说话、如何表达的技巧，而是如何更好地欣赏和爱自己。

当你急于指责他人的时候，停下来问问是否对自己有同样的评价；当你急于批评他人的时候，停下来问问你是否也经常对自己有同样的批评；当你时常谴责自己不够圆融，不够智慧的时候，停下来问问自己可不可以不要谴责，多一些宽容和理解、信任和欣赏呢？

这样一次次地对自己发问，你就开始了和自己的连接，过去父母和家庭在你眼睛里蒙上的灰尘就会因此慢慢被清除，直到你越来越能够接纳自己，也越来越能够对他人表达出欣赏和爱。

Chapter 3

轻视自己，如何换来伴侣的重视

你不被爱，这是真的吗

在马斯洛的需求层次理论中，对爱的需求处在不可或缺的地位。当我们觉得自己是被爱的，幸福感就油然而生；当感受不到被爱时，就各自弹起了情绪的钢琴，不断在悲伤、失望、难过，甚至愤怒中游走。偶尔有甜蜜和幸福，也不过是昙花一现而已，大部分时间，还是在各种负面情绪里挣扎。甚至有哲学家说："人的本能，是怀疑。而怀疑爱，是痛苦的根源。"

1.为什么我们很容易得到不被爱的结论

人类与动物的最大区别就在于人类具有很强的感受能力和归纳总结能力，而且人类有思维偏好，会出现选择性消极关注的情况。所谓选择性消极关注，我们可以设想一下。

　　为了陪孩子过周末，父母把所有的事情推到一边，带着孩子一起逛公园、看电影、吃比萨。父母做出了能力范围内最好的给予和陪伴，他们以为孩子会因此记住这一天，会感受到父母的爱，可是令他们失望的是，孩子一整天都是一副闷闷不乐的样子。因为在出门的时候，孩子听到父亲抱怨母亲没有及时处理垃圾，而母亲又责怪父亲熬夜不注意身体。听着父母之间的抱怨，孩子感受到的是父母不够恩爱，只知道相互指责，仿佛忘了自己的存在，所以他认为自己是不被爱的。

　　进入电影院不久，爸爸出去接工作电话，妈妈忙着用手机回复朋友的信息，孩子在一旁呆呆地坐着，既无聊又失落，于是，孩子得出一个结论——父母陪我出来只是为了完成任务，根本不是因为爱我，再一次证明了我是不被爱的。后来，爸爸打完电话，妈妈收起手机，一家人终于走进影厅里。父母满以为孩子会欢天喜地，结果发现孩子心事重重，父母觉得很困惑，甚至有点儿愤怒：为什么我们花了这么多时间和精力陪孩子，孩子仍然没有满足感？

　　是的，父母并没有做错什么，孩子也没有责怪父母的想法，但危险的是，孩子在父母相互指责以及偶尔忽视自己的时候，已经产生了一个可怕的信念——我是不可爱的，也是不被爱的。这会让孩子在未来不停地寻找爱，同时又十分怀疑爱。

所谓的创伤有一些"硬性指标"，比如虐待、性侵、抛弃……这些明显带着伤害性的行为会制造创伤。因此，很多父母觉得在养育子女的过程中能够规避这些创伤的指标就足够了。不是这样的，有脑神经科学家认为：显性的创伤是容易规避的，但隐性的创伤防不胜防。而隐性创伤往往发生在孩子对父母行为和语言的解读上。

2.把想象当成事实，是制造隐性创伤的根源

人和人之间很多矛盾的发生，都源于我们把自己想象的事情当成了真相。当一个孩子看着父母争吵或是看到父母使用手机的时间长了一点儿，他就认为这是父母忽略他、不爱他的表现，而在这些事情的后面，父母自己的情感需要以及父母为了陪孩子出来玩所做的努力，孩子是很难看见的。这其中的差异，就是养育中最矛盾、最难完善的地方。

我自己对此有深刻的体会。我是大家庭里最小的孩子，因为孩子多，父亲是家里的顶梁柱，他的工资是家庭里最大的收

入来源，但父亲的身体不太好，母亲为了给父亲补充营养，无论是鸡蛋还是牛奶都只给父亲。我印象很深刻的一次是父亲从单位带回来几个苹果，然后给我展示削苹果的技巧。

我看着苹果皮被削成很长的一条却没有断，年幼的我感到很惊讶，而父亲把这个惊讶解读成喜欢，就把一整条苹果皮递给我。我以为这是父亲的命令，于是接过来大口吃完了，父亲看我吃那么快，以为我很喜欢吃皮，于是以后每次削苹果，他都毫不犹豫地把皮递给我。所以我的童年有个很尴尬的"苹果时刻"——我只吃过苹果皮，没有吃过真正的苹果。这件事情的发生，我解读出两层含义：一层是父亲是家里最重要的人，他的话我不得不听；另一层是父亲不爱我，不然不可能一口苹果都不让我吃。

就这样，我带着自己的这套逻辑慢慢长大。之后无论是在学校还是在公司里，每当遇到权威时，我的第一选择就是躲避，因为我害怕他们挑剔我，也害怕他们给其他人吃"苹果"，给我吃"苹果皮"，而这样的躲避，给我的生活和工作都带来了负面的影响。

3.如何破解不被爱的逻辑

曾经问过一个老师："为什么很多人都趋向于去求证一些消极的思想呢？为什么我们很容易去捕捉父母做得不好的地方，然后得出自己不被爱的结论？"

老师回答："因为相对于其他动物来说，人类是比较脆弱的，加上我们的祖先在漫长的发展过程中经历过不计其数的灾难、苦厄，在我们的血液里，存在着很多不安全的因子。在这些因子的影响下，我们很容易放大很多事情，即便事情本身并不是坏的，比如，把一件中性的事情解读为消极的。"

选择性消极关注就是这个原理。人们容易对每件事情做负面解读，或者主动聚焦那些不好的事件，然后不断加深自己得出的结论——世界是不好的，生活是糟糕的，自己是不被爱的。于是，诸如抑郁、焦虑等心理问题就发生了。那么，该如何解决这个问题呢？

第一，找到父母求证。

出生时，我们对世界一无所知，是父母最早和我们互动，让我们开始摸索世界以及认识自己。因此，当自己觉得不被爱，我想到的第一个方法就是去找父母求证这一切，从源头找答案。

我和父亲有过一次坦诚的沟通。我问他："爸爸，为什么当年你要给我吃苹果皮呢？我其实好想吃苹果肉。"

没想到父亲诧异地说："原来你不爱吃苹果皮啊！我看着你每次都毫不犹豫地吃下去，以为你就是爱吃这个呢，看来是我误会了。"

我突然明白，误解阻挡了我们的爱。我的一个朋友叶子也有类似的经历。叶子八岁时，母亲突然对她说要出差一个星期，结果一个月之后才回来。叶子非常生气，也很恐惧，认为母亲不在乎她，才会不解释就抛下她一个月。在之后的恋爱经历中，她最害怕的就是男朋友的离开，不管时间的长短，她把不信守约定的离开解读为是对自己的抛弃。

很多年之后，叶子鼓起勇气问母亲："为什么那次你要抛下我出去一个月？"

母亲的答案让她泪流满面："我去治病了。妈妈得了一种比较严重的病，而且这种病有传染性，我害怕传染给你们，所以就一直住在医院里，直到病完全好了才回来。当时你年纪还小，所以就没有告诉你。"

很多的误会都发生在沟通的欠缺上，沟通流畅了，彼此之间爱的流动也就开始了。

第二，找到其他爱的资源。

我在放下了对父亲的怀疑之后，开始回溯童年被爱的经历。比如我五岁那年的冬天，母亲抱着我坐在火堆旁取暖，父亲在一旁把烟雾挥走，好让我的眼睛不被熏到；十六岁那年，父母带我到北京旅游，母亲给我买了一个景泰蓝的手镯，父亲给我买了一个相机。这些事情就像贝壳一样在记忆的海洋里浮现出来，让我惊喜万分，也看到了自己的珍贵。

当我们找到了一段美好的回忆时，它就可以消除你曾经留下的某些伤痕，也可以让我们摆脱痛苦。所以，人人都是被爱着的。如果怀疑这个事实，只是因为你把父母当年的一些行为进行了消极加工，又忘却了他们偶尔对你的真情流露，所以要想回归爱，不妨去和父母沟通，再去记忆海洋里找到几枚滋养你生命的贝壳。这样，你就能够遇见爱，也相信爱了。

为什么总是遇到不靠谱儿的男人

我的一位读者茜茜，条件很好，出生于一线城市，在外企工作，容貌也端庄秀丽，但就是恋爱一直不顺。茜茜自称最近一听到别人结婚的消息就发慌，她问我："是我中邪了吗？"见我惊讶的表情，她补充道："我已经恋爱三次了，没有遇到一个靠谱儿的男人。"

1.总是找错人，是什么问题

茜茜形容自己是在一个坑里跌倒，刚爬起来，又跌到了另一个坑里。她的三段感情就是由各种不靠谱儿的戏码组成的。茜茜的初恋男友是自己的高中同学，上大学后开始正式交往。但好景不长，三个月之后，男友开始找各种理由向她借钱，茜茜觉得蹊跷，有一次翻看了他的手机，发现他已欠了十几万的赌债。茜茜害怕自己掉进替他偿还赌债的坑里，选择了分手。

有过第一次的经历，茜茜认为太年轻的男人没有责任心，所以决心要找年龄相对比自己大一些的。通过朋友的介绍，茜茜认识了一个比她大十岁的广告公司老板，对方看起来成熟稳重，一下子就吸引了茜茜。对方在明白茜茜的心意之后，迅速展开了追求，没多久，两人就恋爱了。男朋友给她租了一间高档公寓房，有时间就陪她出国旅游，这让茜茜觉得很开心。她本想毕业后就和他结婚，但临近毕业的时候，她突然接到一个陌生女人打来的电话，对方让她马上离开自己的老公，不然就要在网上曝光她插足别人家庭的事。茜茜这才知道自己被骗了，无辜地做了一回让人不齿的第三者。

经历了这两次的恋爱失败，茜茜决定找年龄比自己大，但只比自己稍大几岁的男人恋爱。趋于成熟，又不老练世故。后来，她成功找到比她大五岁并且事业小有成就的男人。这段感情持续了三年，就在她满心期待男友求婚的时候，意外地发现男友出轨了。茜茜非常愤怒又很怀疑自己的命运。为什么别人谈恋爱那么容易，到了自己这儿就变得这么难？

是的，为什么在有些人的生命里，爱情会变成磨难和挫折呢?

2.在感情里屡试屡败的人通常存在两个问题

美国的一所心理实验室曾经做过一个调查，调查对象是一些感情不顺的女人，调查的结果是，无论是在爱情还是在婚姻里屡试屡败的女人，普遍存在两个问题。

第一，不知道自己要什么。

实验室采访过100名失恋超过三次的女人，她们都有比较相似的一些经历，比如，父母在自己的童年时感情不和、争吵不断，或者在单亲家庭中长大，从来没有见过父亲。调查人员问这些女性向往的伴侣形象是怎样的，她们口中出现的答案通常有责任感、温柔、善良、风趣这些要素。

这些答案既模糊又笼统，很容易成为无效的目标群体。因此，实验室提到了"伴侣画像"。伴侣画像是指我们在心理预设伴侣的特征，这些特征不是由某些可能引发理解偏差的形容词组成，而是具体到身高多少厘米、体重多少斤、笑起来露几颗牙齿、伴侣生气时如何应对、遇到挫折时如何处理等几十项指标。这就和公司预设顾客画像一样，从年龄层次到消费水平，再到性能和颜色的喜好，一一对应，直到精准匹配到相符的客户。这样的结果是，顾客稳定度会极高。

如果一个人内心没有清晰的伴侣画像，就很容易成为父母婚姻的复印机，继续"复印"出与父母的婚姻状态相似的情感经历。

第二，出发点不正确，对伴侣抱有不合理的期待。

电影《被嫌弃的松子的一生》中的松子，在多个男人身上辗转受伤，直到生命之火消耗殆尽。在旁人看来，这很不可思议，但松子一语道破："一个人是地狱，两个人也是地狱，两个人总比一个人孤孤单单的好。"不是为了爱情和婚姻，而是要找个人来打发孤独。因为这个有严重偏差的信念，松子可以不顾一切地去爱和付出，最后的结果是屡屡受到伤害。

茜茜也是如此。茜茜是独生女，父亲常年在国外工作，母亲又经常出差，她是在奶奶身边长大的，大部分时间里，她都很孤独。因此，依靠谈恋爱去排解自己的孤独感成了她的人生目标。

我问茜茜："你现在的目标是想要不再孤独，还是要向往中的爱情呢？"

茜茜豁然开朗："或许我根本没有那么需要爱情，只是需要陪伴。"

如果人们恋爱只是为了解决孤独，那么只会越来越孤独。因为你爱情的动机不是爱，在意识到自己把对方当作驱散孤独的工具并出现种种问题时，自己也会主动结束这段关系。

3.如何打造高质量的亲密关系

首先问问自己，你是渴望打造一份高质量的亲密关系，还是要找人来排解你无法安放的孤独？如果是前者，最简单的做法是勾勒"伴侣画像"，我的一个闺密就是成功案例。她十七岁时就在心里勾勒出伴侣的模样——上扬的嘴角、宽阔的肩膀，积极乐观地做好每件事情，奋力打拼自己的事业……

其实，闺密的爸爸只是一个普通工人，肩膀并不宽，也没有创业的经历，可我的闺密凭借自己的伴侣画像，真的找到了自己的理想伴侣。看到她如今的老公，几乎拥有她所向往的全部特点：肩膀宽阔，嘴角上扬，勇敢无畏，有一家自己创立的公司。所以，命运总是垂青那些知道自己究竟要什么的人，当然也包括知道选择什么样的伴侣。

如果你是期待有人来疗愈你的孤独，那么我建议你先别着急寻找爱情，而是去找一些其他的资源来处理这个期待。比如，茜茜小时候养过一只猫，每当自己一个人在家的时候，猫就成了她最贴心的伙伴。所以小时候的她就有能力去化解孤独，长大之后当然也可以。只有在她有能力独处，可以坦然面对自己的孤独的时候，她的内在才能达到平稳和谐，未来的伴侣和她在一起的时候才可以感觉到她的爱，而不是满满的期待。如此，两人才能因为爱，更加坦诚地在一起。只有自己准备好了，合适的恋情才会出现，否则，就是重复制造伤害。

所谓"准备好"，就是要明确自己在爱情里的期待和需要，并为之负责。当自己的需要被满足，期待被合理地释放时，我们的内在和外在就能保持平衡和统一，对爱情的追求也会更加纯粹。带着对自己的信任和对爱情的向往，去勾勒出伴侣的画像吧。只有这样，未来才可能心想事成，和真正值得的人共度余生。

如果你感到卑微，证明他不够爱你

爱情里最重要的是什么，是两个人各方面的条件都旗鼓相当，还是郎才女貌，抑或其他更重要的东西呢？

我认为都不是，最重要的是彼此觉得舒服，双方可以轻松地相处。或者说，最好的爱情应该是：和你在一起之后，我觉得自己比以前更优秀了。很多女孩偏偏选择盲目地冒险，放弃自己值得拥有的一切，去挑战一些高难度的爱情，结果只能让自己伤痕累累，小岑就是其中一个。

1.爱就要付出全部，掏心掏肺

小岑和我第一次聊天，是在她的男朋友第五次离家出走之后，这次的失踪持续了一个月。小岑在伤心之余，也开始犹豫：

是继续等他呢，还是搬出去？

对此问题，我并未正面回答，而是问她："你问问你的心，它是什么感觉？"

小岑的眼泪掉了下来，摇摇头对我说："我的心好累啊！"

大峪是小岑的初恋，小岑的个子比较矮，体形微胖。上大学的时候，同宿舍的女生都出去约会了，只有她躲在宿舍里看书、听音乐，看着室友被男友宠爱，小岑很是羡慕，却认定自己没有那份运气和福气。后来她认识了大峪，大峪个子很高，也很清瘦，能说会道，是很讨女孩子喜欢的类型。令小岑意外的是，大峪很喜欢她的文静，两个人渐渐发展成了男女朋友。

小岑说自己那个时候特别幸福，书不看了，音乐也不听了，每天下班就和男朋友一起看电影、逛街、吃饭，像每一对陷入热恋中的情侣一样。后米，俩人住在了一起，原以为这是甜蜜的续篇，然而搬家的第一天，男友的态度就发生了改变。看着小岑忙前忙后，大峪不仅不帮忙，还在一旁指手画脚，这个要轻拿轻放，那个要摆正位置。等小岑都弄好了，他一脸轻松地问小岑晚饭吃什么，小岑马上起身去买菜。依据小岑的叙述，那一天成了她生活中的"里程悲"。往后的几年间，小岑成了大峪的保姆和厨师，不仅包揽了所有的家务，甚至大峪每天要穿的衬衫都要她提前熨烫平整。

因为小岑的周到和体贴，男友开始肆无忌惮。今天带同事，明天带朋友，后天又是合作伙伴，家里经常有一大堆人吃饭。小岑不停地在厨房和饭桌前来回忙活，男友不但不感激，还把小岑的付出当成一种资本来炫耀："你们天天来吃饭都行，我老婆手艺可好了。"

大峪从来不感激小岑，却深谙夸奖的策略。每次朋友来，他都会在朋友面前夸小岑几句，小岑一直把这些当成了爱和感激，于是，在付出方面更加不求回报，甚至甘之如饴。

这就是感情里的危险信号，为了对方，忽视了自己，卑微却不自知。

2. 付出型的人，内心都藏着一个错误的逻辑

小岑在恋爱一年后怀孕了，她想到了结婚，把孩子生下来，结果大峪不同意，理由很多，比如要继续过二人世界，要多存点儿钱再说。小岑觉得他说得似乎有道理，就同意了。然而，又一年过去了，男友继续整天胡吃海喝，两人的存款并没有变

得更多，而结婚的事情，大峪依旧只字不提。每当小岑提到谁结婚，谁又有孩子了，大峪就很生气，要么三言两语把她顶回去，要么干脆夺门而出，彻夜不归。心理学家张怡筠曾说："一个男人如果爱你，他和你恋爱的目的就是结婚，反之，他肯定不够爱你。"

可悲的是，大峪的言行处处透露出不够爱的信息，小岑却始终不肯放手。因为小岑有个错误的逻辑，或者说是信念，在我们看来简直是荒唐的，那就是在小岑看来，这场恋爱来之不易，所以要且行且珍惜。一个做婚姻咨询的朋友说，让她最惋惜的来访者，就是那些在感情里完全忽视自我、一味牺牲的女人。她们把自己的优秀埋没在了为伴侣的奉献里，把自己的需求隐藏在伴侣的需求之后。然而，当她们满心期待对方更爱自己时，却发现对方早已心不在焉。

小岑每次提到结婚，两人就会以吵架收场，这样的感情，是好婚姻的前奏吗？所以，两个人最后一次争吵之后，我让小岑做几种尝试：

第一，绝不主动和大峪联系。

第二，去最高档的餐厅吃一顿饭。

第三，和朋友去看一场电影。

第四，独自去旅行一次。

这是我给她列的一个清单，标题是"找回自己"。这一系列的建议，都是让小岑把在男朋友那里的能量收回，重新做自己。过度付出很容易造成对方的过度榨取，只会构建出不健康的关系模式。

小岑和大峪在日复一日的相处中没有了爱的流动，只有付出和接纳在维系着彼此的关系而已。在这无底线的付出中，小岑早已忘了自己才是最重要的部分。所以，趁着对方的离开把自己找回来，并用曾经对待伴侣的方法好好照顾自己，那么，她的内在信念就会改变。只要信念发生改变，即便眼前这段关系不能再继续，也可以用最好的姿态去迎接下一段感情。

3.爱你的人，不会舍得你卑微

曾经看过一个TED演讲，一个女孩说她从小看着母亲被父亲呼来喝去却从不反抗，她以为婚姻就是这样的，一方付出，一方享受，这是一种关系的平衡方法。于是她在谈恋爱的时候，也非常有"服务精神"，陪男朋友应酬客户、带男朋友检查身体、照着菜谱做饭给他吃，甚至男朋友加班，她也跟着熬夜。幸运的是，就在他们准备进行一次为期半个月的长途旅行的时候，男朋友提出了抗议。

男朋友拒绝了让她开车的提议，也不愿意让她一个人收拾行李和准备晚上露营的装备。男朋友说："亲爱的，我是找你谈恋爱的，不是找贴身保姆为我服务的。我们要一起来分担生活，照顾彼此。"

这个女孩像见到外星人似的看着男友，然后热泪盈眶地点点头，答应了男朋友。这件小事让女孩有了一种从来没有过的感受，如果一个人真的爱你，他只有两个目的：第一是让你觉得自己很重要，第二是让你比以前更爱自己。

回到小岑，在她接受了我的建议三个月之后，我们再次相见，有些意外的是，她已经和大峪分手，有了新的男朋友。她兴奋地对我说："我真的体会到了被爱、被珍惜的感觉。"

她做饭，他就洗碗；她整理，他就打扫；她爱听音乐，他悄悄买了音乐会门票制造惊喜。重点是，他们才恋爱两个月，男友已经在为结婚做准备了。

宁可高傲地单身，也不要委屈地恋爱。所以，如果你的爱人让你感觉到卑微，不得不忍辱负重地牺牲自己，那只能证明他还不够爱你。果断地离开吧，像TED演讲里的那个女孩一样，放下过度付出的信念，把自己放在最重要的位置。如此，你就是那朵盛开的玫瑰，自然有懂得珍惜你的人与你共同分享爱。

你有多不爱自己，才会让伴侣天天说我爱你

　　记得多年前看过一部电影，片名叫《我爱你》，改编自王朔小说《过把瘾就死》，也是电视剧《过把瘾》的电影版。剧中由徐静蕾扮演的女主角——杜小桔，最显著的特征就是"作"，最喜欢做的事情就是天天缠着佟大为扮演的男朋友王毅问"你爱我吗"这句话。王毅从刚开始不厌其烦地给予肯定的回答，到后来变得不耐烦，甚至想要逃离这种喋喋不休的纠缠。

　　其实这样的现象在生活里也很普遍，有一次看到一条新闻，一个女生爬上桥的栏杆，说是要投江自尽，原因居然是男朋友好久都没有说过爱她的话了。围观的人不禁议论纷纷。是啊，表面看来，这样的行为好像很疯狂，但是如果我们更深层次地看，这些为了爱情歇斯底里的人，已经把爱当成了氧气，缺一

点儿都可能会有窒息的危险。

1.当他说"我爱你"时，你可以得到什么

很多人是这样想的，既然两个人相爱了，那么爱的表达是很重要的，而说"我爱你"就是最好的表达了。这个逻辑没有问题，而且说"我爱你"这三个字是为爱情奠基的必不可少的表白环节，甚至可以看成是一个仪式。

所谓的仪式，代表着一种新关系的建立。然而，如果这个"仪式"天天都要做一遍，那就成了累赘。好比你头上戴一个蝴蝶结很美，但如果你的头上戴满了蝴蝶结，是不是像个疯子？

说"我爱你"是一种主动的真情流露，是发自内心的告白，绝不带任何强迫和功利的性质。反之，如果这个表白变成了一种被动的要求，甚至是胁迫，就会成为感情的地雷。那些把"我爱你"当成氧气，缺了一口都会难受的人，"我爱你"这三字到底能够带给他们哪些实际的意义呢？

第一，被看见。

有个很奇妙的逻辑是，人往往在看不见自己的时候，才会特别渴望别人能看见自己。就好像一个蒙了面的人，无论是在

白天还是夜晚，都是没有安全感的。为了避免危险，他们想到的最可靠的方法，就是找一个人扶着自己，或者找个人抱着自己。是的，一个早年缺失安全感的人，因为从小不被最重要的人看见以及保护，就会很恐慌，也很迷茫，因此，长大之后，在建立关系的时候，其最本能的需求，就是被伴侣守候，然后不断地从伴侣口中听到"我爱你"，只有这样，才能安心。

就像《我爱你》里的杜小桔，她出身于支离破碎的家庭，父母为了各自的生存无暇顾及她。父母或许从来没对她说过"我爱你"这样的话，所以她对这句话有特别强烈的需求。而这种潜意识里对父母的爱的渴求，是他人用几句"我爱你"根本无法填满的，所以就出现了"求爱上瘾症"。为了凸显"我"的存在，为了让"我"看见自己还在这个世界里被爱着，作为伴侣的你必须经常告诉"我"，你是爱"我"的。

第二，"我"是有价值的。

我的一个来访者叶子说她和老公结婚三年，吵了三年，婚姻难以为继。我问她："你最受不了你老公的地方是什么？"

叶子说："他不如别人老公那么浪漫。"

我又问："哪里不够浪漫？"

她回答："他几乎不说爱我的话。"

叶子是全职太太，老公有自己的公司，每次她精心打扮陪老公去应酬或者在家里做一桌子菜请客，每次累了一天只剩下两个人的时候，叶子都会问老公："你爱我吗？"

"嗯，是的，辛苦你了。"老公的回答通常让她很不满意。

叶子觉得老公说得很没有诚意，不就是三个字嘛，说出来又不会死，她不明白老公为什么就是不肯说。

是啊，说出这三个字的确不会有什么损失，但两个人的理解是完全不同的。男人理解为老婆为我做了很多事情，所以我要表达感激。可是在叶子的眼里，什么话都不及那句"我爱你"有分量。因为"我爱你"是一切赞美、欣赏、感激的总和，代表着一个男人对妻子所有付出的最大的肯定。

后来我问叶子："当你老公真的对你说了'我爱你'，你有什么感受？"

"安心了。"

我又问道："是觉得自己有价值吗？"

她点了点头。

第三，确认自己的唯一性。

电影《我爱你》中，杜小桔还是个醋坛子，每当王毅和任何女人打招呼或者聊天时，她都会很紧张，然后去质问老公，或是直接发泄自己的不满。对方通常会莫名其妙但又无可奈何。争吵结束以后，又会以杜小桔的"你爱我吗"和王毅的"爱"来收尾。

"相亲相爱"其实也可以放到这样的伴侣关系中。当一个人看不到自己的存在，感觉不到自己的价值以及不确认自己是否重要的时候，就会对伴侣有很多附加的期待，当伴侣感到备受煎熬而反抗时，两人的爱就变成了伤害。

2.让对方说"我爱你"，其实是自己不够爱自己

我有个读者芸，她说自己每天早上醒来就会问老公："你爱我吗？"就好像她担心一个晚上过去，世界就变了一样。

我问她："你爱自己吗？"

她突然犹豫了，摇摇头说："不知道。"

这就是不断索爱的人内在的冲突。国外的一个心理机构调查显示：几乎所有要求伴侣天天对自己表达爱意的人都有个共同点，就是他们根本不够爱自己，甚至对自己还有很多的责备

和嫌弃。比如芸，她和我在确立咨询目标的时候，对于"希望自己说话更好听"和"如何更讨人喜欢"这两个目标说个没完。言下之意，她认为自己很不会说话，也不讨人喜欢。

可是，当我们发现自己存在很多不足的时候，有种情绪就会来骚扰我们，它就是恐惧。看到自己有那么多不好，会担心被他人看到，因此遭到他人的嫌弃和拒绝。一旦有个人愿意和我们一起生活，愿意陪伴我们，我们一方面欢呼雀跃，另一方面又充满担心，担心要是对方看穿自己不够好怎么办。于是，我们要求这个人天天像打卡似的对自己说"我爱你"，好让自己心安。

3.调转方向，对自己说"我爱你"

要求别人不如要求自己，求助别人不如求助自己。即使童年时期在父母那里没有感受到被重视和被爱，成年后，其实我们也有很多办法去弥补回来。最简单的办法是把对伴侣的要求转换成对自己的要求。

心理学家研究显示：语言具有催眠和疗愈的作用，但是和他人的语言相对比的话，自己的语言更容易进入潜意识。因此，当我们希望通过伴侣的语言去确认自己的重要性和唯一性的时候，不妨把这些话直接告诉自己，把它当成一种练习。

首先，我们可以尝试的就是每天自我表白"打卡"。早年缺爱的孩子，成年后也可以通过爱的语言来滋养干涸的部分，最简单的方式是直接对自己说"我爱你"。这就会有个很有趣的现象：以往我们看到伴侣不习惯对自己说"我爱你"的时候，会怀疑他们的诚意，认为简单的三个字是最容易表达的。实际上，当我们需要对自己进行爱的表达时才会发现，说出"我爱你"其实需要很大的勇气。通过这个小小的练习，我们可以体会到对方之所以不这样表达，不是不愿意，而是不习惯。当我们可以对自己做出爱的表达时，就会发现内在干涸的部分正在被滋润。

除了"打卡"式地练习每天的自我表白，在碰到想问对方讨要"我爱你"时，请立即打消这个念头，然后对着自己说这三个字。这样做既给了对方空间，又滋养了自己。长此以往，你不再需要一次次地找伴侣确认，也可以深切地明白你自己有多可爱，有多值得被爱了。

那个从小缺失父爱的女孩，凭什么找到了真爱

　　父亲在一个孩子成长过程中的重要性是毋庸置疑的，小时候在课本上就知道"父爱如山"，长大以后，更能体会到父亲的存在对于一个孩子自信和力量的培养有多重要。据心理学家分析，在三岁之前母亲陪伴多的孩子会很有安全感，三岁之后父亲陪伴比较多的孩子会比较阳光和自信。所以，在孩子的成长过程中，父母的爱是交替和循环的，请给孩子创造更安全的成长环境以及在孩子的内心播种希望的种子。

　　然而，不是每个孩子都能那么幸运地可以从小就在父母的庇护和陪伴下长大。有的孩子会遭遇父母离异，有的孩子甚至一出生就属于单亲家庭，因此，他们的成长道路就显得比其他孩子的要艰难得多。而论及恋爱和婚姻，从小缺失父亲陪伴的

女孩们，很可能会出现以下情况。

第一，对爱情非常盲目。

我的一个读者 K，在她很小的时候父母就离婚了，父亲出国，她跟母亲一起住到了上初中，之后就一直住校。K 长得很漂亮，学习成绩也很优秀，身边一直不缺男孩子的追求，但她的恋爱却总是不顺利。原因在于她没有选择男生的辨识能力，因为早年身边缺乏一个有力、合格的男性榜样供她参考。这是很多从小不能和父亲生活在一起的女孩普遍存在的困扰。

单亲妈妈为了抚养女儿，往往会非常辛苦。在经历过感情创伤以后，母亲本身内心就充满了悲伤、难过等情绪，能够很好地照顾孩子的饮食起居已经非常不容易，至于在感情和婚姻的引导上面，大多数是有心无力的。从某种程度上说，她不把自己失败婚姻里的怨恨带给女儿已经很了不起了。

K 就是如此，母亲在和父亲离婚后，没有再婚，这是母亲对女儿最大的保护。同时，由于家里常年缺乏异性的身影，也没有鲜活的亲密关系作为示范，所以 K 对男人以及婚姻生活是非常陌生的。因此，情窦初开的她既向往浪漫的爱情，又不知道什么样的男人能够和她一起缔造这份浪漫。这直接导致了她不断地恋爱，又不断地失恋。

某演员个性张扬，每次出场都霸气十足，很多人封她为"御姐"，然而一提到婚姻，她也无奈地说："我看男人的眼光确实不怎么样。"这份坦白的背后，其实也藏着同样的痛楚，这就是她的童年里也不曾得到完满的父爱。

第二，对恋爱缺乏信心。

对很多人来说，父亲在女儿的心里其实就是完美男人的形象，所以得到父亲的认可和亲近，是每个女孩都曾有过的想法。但是那些从小和父亲分离的女孩，她们很容易把父亲的离开理解为父亲抛弃了自己。因此，她们的内在会产生羞耻和无助的感觉，长大以后，她很容易把这些感觉投射到和她恋爱的伴侣身上。无论伴侣多么爱她，她都会认为伴侣迟早会离开或是抛弃她，对爱情产生较强的不信任感。

红极一时的电视剧《欢乐颂》中，刘涛饰演的安迪从小被父母抛弃，住进了孤儿院，虽然后来出国生活，并且在学业和事业上面都取得了非凡的成绩，但无奈的是，爱情成了她的死穴。虽然追求她的人很多，但她却一直处在犹豫和退缩的状态之中。原因是她对男人有很深的恐惧，而这个恐惧源于小时候被父母抛弃的经历。她尽管在职场上十分干练，一旦进入感情世界，却像个婴儿一样脆弱又不知所措。

第三，太渴望亲密，很容易把伴侣吓跑。

一个人童年里缺什么，长大以后就会疯狂地索求什么。如果一个女孩在小时候缺少父亲的陪伴，对父亲陪伴的渴望就成了排在第一的人生愿望，没人能满足她，她只能把这个愿望迁移到其他目标身上，所以我们就看到有些女孩会不停地谈恋爱。结果往往是折了爱情，又赔了青春。

从小缺失父亲陪伴的女孩，长大之后想要获得向往的爱情和婚姻的确会比较艰难。难道好的爱情就只能发生在从小生活在健全家庭里，充分享受到父爱的女孩身上吗？有没有可能一个从小没有父亲陪伴的女孩，她依旧可以凭借自己的某些"努力"，寻找并经营出好的爱情和婚姻呢？当然可以。记得在一本书里看到过这样一句话："幸福其实是可以凭空去创造的，前提是你相信自己有这个创造的能力。"

第一，你一定可以找到另外的资源。

人是有思维惯性的，如果你习惯聚焦消极的事件，那么你很可能把这些消极的因子覆盖到生活的每个面上，以偏概全，把事件泛化成了生活本身。比如，一个从小没有父亲陪伴的人，当然会感到伤心和遗憾，但他是如何在没有父亲的情况下，健康地活到现在呢？这里涉及另一个关键点，除了对这个人产生负性影响的消极因子，一定还拥有帮助他生存的其他资源。比如，有一个足够好的母亲，或是哥哥，甚至是一个愿意鼓励、指引他的老师。这些都是资源。

我很喜欢一句话，老天爷不会把你解决不了的问题分配给你。在剥夺了你一样东西以后，一定会拿一个礼物来作为补偿。所以，如果你从小缺失父爱，不妨停下来想想，你身边是否藏着其他珍贵的资源。

第二，添加一个信念。

很多心理学家探索发现，童年里经历过父母争吵或者离婚的孩子，除了有害怕父母分离的焦虑和恐惧感以外，还会有愧疚感和自责情绪。孩子天生对父母忠诚，所以当父母之间发生争吵甚至离婚时，他们第一反应往往是怀疑自己做错了或自己不够好，才导致父母不断地发生矛盾。

对自己的质疑都发生在潜意识里，并不容易被父母察觉，慢慢地，这些质疑就变成了自卑。带着这样的自卑心理的孩子谈恋爱或是结婚之后，无论伴侣多么欣赏和肯定自己，他们依旧觉得那是个谎言，这对爱情来说是有很大的消极影响的。因此，要想经营出良好的亲密关系，就要释放掉潜意识里的愧疚感，以及重新建立一份信念——父母的问题与我无关，我有资格拥有属于我的爱情。

信念从意识到潜意识需要一个内化的过程，因此需要不断地自我强调和练习。当自己深以为然时，你的内在已经发生了变化。再去爱的时候，你会沉着自信，灿烂如花。

第三，重新寻找榜样资源。

曾在知乎上面看到一个网友 C 分享自己的经历。她说自己从小就没有见过父亲，总是问妈妈，爸爸在哪里，妈妈就说她的爸爸迷路了，回不了家。每当她问起同样的问题，母亲都用各种谎言告诉她，父亲回不来了。

后来，这个女孩嫁给了她的初恋，并且非常幸福。如果说她有某些窍门，那就是她找到了一个榜样，这个人是她的姨父。姨妈和姨父经常来自己家做客，夫妻俩非常恩爱，结婚几十年几乎没有发生过大的争吵。C 在十六岁就下定决心，要找一个和姨父一样的男人结婚，为此，她还去请教姨妈和丈夫相处的秘诀。长大之后，她经历了甜蜜的恋爱，而后顺利结婚，拥有了自己的幸福。

　　其实，人生就好比树木生长的过程，如果土质过于贫瘠，难免影响根系的发展，让我们有种种局限。但如果我们有意识地利用周围的资源，哪怕借助风力摇晃树干来松动土壤，抑或冲着天空去迎接更多的光照，给自己更好的补给，再去试着学习如何更好地成长，那么过往的创伤将不再是成长的障碍，而是我们获得新生的机会。如此，亲手打造一份好的亲密关系，将成为我们彰显自己力量的勋章。

伴侣习惯性指责，是我们不够好吗

不知道你身边是否有这样的人：

你做错了事情，他马上跳出来说："看看你，怎么这么不小心，这么笨……"

他做错事情就会找各种理由，类似"还不是你没有提醒我""还不是你没有帮助我""都是因为你打扰了我"这样的话。

你情绪低落，他会这样安慰你："你呀，就是太敏感，少胡思乱想就好了。"

如果他情绪低落，他会这样向你寻求安慰："你没看见我正在难过吗？为什么这么冷血，不理我？"

听起来他们好像有点儿坏，其实他们只是不自知的"指责型人格"。

1.没完没了的指责，让我看不到人生的尽头

读者穗子被老公"欺压"了十年，自己感到筋疲力尽，想要通过离婚来换一种活法。我问她对方是怎样"欺压"她的，穗子说："他就是不断地说我是错的，是不好的，是需要改进的。在任何事情上，无论我怎么努力，永远无法让他满意。"

穗子喜欢旅游，为了让老公一起去，她没少受窝囊气。有一次，穗子和老公确认旅游地点时，老公佯装大度，表现出去哪儿都可以。穗子选好地方，订好机票和酒店，然后满心欢喜地告诉老公，还期待他说一句"老婆辛苦了"，结果等来的却是对方的一瓢凉水。

他说："怎么选这里啊，而且还是晚上的飞机。"

穗子连忙解释："你不是喜欢海边吗？而且晚上出发可以节约你半天假期。"

他还是不领情："我喜欢的不是那个海，我也不差这半天假。"

穗子觉得有道理，马上说："你喜欢哪儿？想改哪个时间段的飞机，我去改。"

这样的"合作"精神，大概只有下属在面对上司时才会表

现出来，然而，这一幕却真实地发生在穗子家里。

后来，穗子的老公又嫌改签麻烦而且浪费钱，就按原计划出行。结果可想而知，人家不是来旅游的，是来找碴儿的，从吐槽飞机餐难吃，到海边的人太多，再到天气不好，把这些不好的体验全都记到穗子头上，无论怎样全是她一个人的错。

穗子讲完之后对我说："我发现他根本不爱我，就是喜欢挑我的毛病。"

很显然，穗子的老公是指责型人格，习惯了道德绑架和负性评价，享受凌驾于别人之上的感觉。可悲的是，穗子多年的隐忍让老公的指责更加肆无忌惮。

2.指责型人格的两个错误的逻辑

很多人评价指责型人格的人时，基本都离不开强势和霸道，这样的人往往也和"权威"画等号。其实，真正的权威并不一定强势，而强势的人却可能是伪装的权威。比如曾经看过一部短篇小说，男主人在单位里兢兢业业，唯恐犯错，但回到家就变成了一个"暴君"。哪怕是孩子的玩具掉了，他都要大发雷霆，更不用说妻子出门忘记带钥匙。类似的小事，在他眼里简直是十恶不赦。

其实他不是人格分裂，而是从小在母亲的严厉管教之下极其害怕承认错误，因为那意味着将要遭受十分严厉的惩罚。因此，他从自己的孩子很小的时候也表现得特别严厉，不允许有任何错误，这折射出他内心的错误逻辑——人生最不可饶恕的是犯错，犯错就要承担严重的后果。所以他一方面害怕自己犯错，另一方面不允许家里人犯错，导致孩子每次见到他都很紧张。

再说回穗子的老公，父亲曾是领导，儿时他看着父亲对下属发号施令，问责到人，非常钦佩，导致他长大后在并没有获得父亲那种地位的同时，却习得了父亲对他人严厉指责的部分，因为他的内在逻辑是说教和指责是凸显男人威严的手段。所以，自结婚起，他就在家里作威作福，无视妻子的感受。

3.如何不让他人的指责捆绑了我们的生活

有心理学家说，不怕别人的态度不正确，最怕的是你"自投罗网"，把自己送到对方手里充当受害者。说的就是很多长期遭受指责的人，拱手将自己的快乐和自由给了那个指责者。

其实，当觉察到身边有个习惯指责的人时，我们只要做好三点，就可以脱离对方的影响。

第一，告诉对方自己的感受。

以穗子举例，老公用指责她的方式要了十几年的威风，要让他自己认识到问题并做出改变是不太可能的，只有穗子发出自己的声音。有一次，穗子做好了饭菜等他回来吃，有一道菜烧煳了，要是过去，她肯定马上把这道菜扔了，不让老公看见，但那天她大胆地把菜端上桌，等着老公的"连珠炮"。果然，穗子的老公回家看到烧煳了的菜，立即指责道："你在做什么，难道要让我吃猪食吗？"

要是过去，穗子肯定会难过得低下头，但这次没有。她鼓起勇气说："是的，我的确烧煳了一道菜，但我做了不止这一道。你刚刚说话的声音很大，语气很凶，这让我很害怕、很沮丧，就好像我是个犯人。老公，我在想，你是不是不爱我了？所以你经常只会看到我做得不好的地方。"

没有控诉，没有攻击，只是真实地说出了自己内在的感受和想法。这个转变让穗子的老公顿时目瞪口呆，他立即柔软了下来："是我小题大做了，我给你道歉。其他菜还是做得不错的，老婆辛苦了！"

是的，为什么我们会害怕指责？因为指责带着攻击性，它和批评不同，攻击的是你这个人，就好像你根本不是做错了一件事，而是你整个人都错了。这会导致被指责者产生强烈的不安全感，他会认为自己很糟糕、很失败，然后延伸出一个很致命的观点——因为我很糟糕，所以你不爱我了。带着这个观点，每当受到对方的指责，自己的价值感就更低一点儿，于是就发展成战战兢兢的讨好者模式。

这是穗子和伴侣结婚后的心路历程，过去的她只知道默默隐忍，独自黯然神伤。然而，我告诉她其实可以更真实一点儿，即面对伴侣勇敢表达自己的真实感受，让对方知道你的想法，对方在了解你的不安感和爱的需求后，会做出调整的。之后，她做出了改变，夫妻之间的关系也得到了极大的改善。

第二，给对方示范，勇敢承认错误并不可怕。

对于那些因为害怕承认错误继而指责别人的人来说，用行动鼓励他们承认错误，会产生"无声胜有声"的效果。很久之前看过一部电影，里面有一段情节很符合这个观点。女主角在看穿了老公的外强中干之后，主动和他说了自己工作中出现的一次失误，因为弄错了一组数据，导致全部门人加班重新校对数据。她说完之后发现老公的神色十分紧张，并且欲言又止。他是想问："后来呢？他们没有骂你吗？"

女主角平静地说："我主动和大家承认了错误，并立即进行处理，最后还请大家吃夜宵算是赔罪。大家没有过多地责怪我，反而说我是个有勇气、敢担当的人。"

丈夫的眼睛里有些东西在闪烁，却还是什么都没有说，但是之后的相处中，丈夫再也没有无故指责老婆或是孩子了。

第三，让对方为自己的情绪负责。

除了从小习得的指责模式，害怕为错误买单，还有一类是会将在其他关系里带回来的情绪发泄到家庭里，也就是踢猫效应最常见的情境。在这样的关系里，最亲近的人往往最容易沦为情绪宣泄的对象，而应对这种情况最好的方式就是让对方为自己的情绪负责。

我的一个来访者，在做生意的过程中经常会遇到客户的刁难，于是很容易将情绪发泄到老婆的身上，但他老婆并没有让这样的事情持续下去，她告诉先生："你这样对我很不公平，我不是你的'垃圾桶'，你应该自己想办法处理自己的情绪。"

先生虽然当时有点儿沮丧，但事后觉得不无道理。在这个世界上，谁都没有义务无条件地承担另一个人的不良情绪，作为成年人，更加需要为自己的情绪负责。于是，他决定来做心理咨询，学会管理自己的情绪。

穗子再找我的时候，我问她："之前你说要离婚，为什么现在反悔了？"

穗子说："之前我做了被老公指责的困兽，想着只有离婚才能解脱。但后来转念一想，既然离婚都不怕，还怕被指责吗？所以决心消解他凌驾于我之上的权威感，却没想到不仅做到了，还让他从惊讶到接受，再到可以真正地尊重我。"

我们总以为人生是受控于他人的，但从穗子的案例来看，改变关系，乃至改变人生模式的钥匙，一直在我们自己手里。无论他是习惯了指责别人，还是害怕承担责任，抑或是在找情绪的替罪羊，你都可以对他说"不"。当对方看出你的坚定，明白你也是需要被尊重的独立个体时，他们才可能学会反思，做出改变，最终的结果是两个人一起成长，享受真正的融洽。

三招破解"父母不和睦，

子女的婚姻必然不幸福"的有毒逻辑

　　我接触过的很多咨询者都觉得自己的原生家庭很不好，父母总是吵架，一点儿都感受不到家的温馨，很害怕自己会重蹈覆辙，复制父母不和谐的婚姻模式，有些人干脆就不打算结婚了，在他们看来，不结婚，也就意味着不用像父母那样生活在痛苦之中了。春夏是香港电影金像奖首位"90后"最佳女主角的获得者，她曾在一次访谈中说自己愿意恋爱但不想结婚，原因是她的家族里的很多人都离过婚，她对婚姻完全没有信心。

　　是啊，无论我们是否愿意承认，我们都继承了父母的行为习惯甚至思维模式。据科学家分析，一个孩子如果从小就面对冲突和争吵，那么未来他在面临分歧的时候，第一反应就是勃然大怒，奋起而争。因为这是他从父母那里习得的唯一的模式。所以，我们有理由相信，我们越是蒙昧不知，受到原生家庭控制的因素就会越多。

那么，是不是所有经历过父母不幸福婚姻的孩子在成年后都会重复父母的遭遇呢？当然不是。生活不是解数学题，答案不止一个，还有更多的可能性存在。美国社会心理学家费斯汀格有一个很出名的法则，被人们称为"费斯汀格法则"，即生活中的10%是由发生在你身上的事情组成，而另外的90%则是由你对所发生的事情如何反应所决定。因此，如果你去留意的话，会发现有些即便目睹父母争吵、离婚的孩子，他们在成年以后仍旧可以拥有很好的婚姻。那是因为他们做到了以下几点：

第一，释放对婚姻的恐惧。

我很喜欢"恐惧的背后有鬼"这句话。我认为给人制造最多阻碍和困扰的情绪就是恐惧感，我们在面对一些事情上选择退缩或是逃避，都是因为这种情绪。当我们知道自己受到原生家庭的消极影响以后，恐惧感也随之产生，而背后的连锁反应就是经常会回顾父母关系里那些混乱的经历。

比如我的一个读者J说，她经常会想起爸爸醉酒回家后对妈妈怒吼，妈妈吓得发抖的场景，那个画面经常会在她的脑海里反复播放。这直接影响了她之后的恋爱经历，她总是担心男朋友会在醉酒之后对自己吼叫，可她男朋友并不酗酒，就算应酬也是点到即止，因为这个心结，她无法享受恋爱中的松弛和美好。另一个读者苗苗说她总是想起父母之间的冷暴力，家里经常安静得可以听见针掉在地上的声音，屋子里总是一片死寂。苗苗一直都记得父亲铁青的脸色和僵硬的身躯，这导致在结婚以后，只要丈夫不说话，她就会感到紧张。

这些事情其实就是被记忆主导现在生活的过程，我们一遍遍地回顾痛苦的经历就等于不断地在伤口上撒盐，让自己雪上加霜。要想走出父母婚姻给自己带来的阴影，最先要做的就是正视那段过去，然后释放一直跟随自己的恐惧情绪。

其实我的父母早年也是争吵不断，甚至有一次他们在看《新闻联播》的时候，因为意见分歧就发生了冲突。父亲冲动地举起了椅子，妈妈也不示弱，拽过了另一把椅子，就在两人差点儿把椅子挥到对方身上的时候，邻居赶过来及时劝阻，才平息了风波。

不满十岁的我一直在旁边瑟瑟发抖。后来，我觉察到自己经常想起这个场景，并因此会感到莫名的紧张和愤怒。我用了一个方法，就是把这个故事写在纸上，然后再将它烧掉，算是做了一个了断。

倾诉和书写本身就有疗愈作用，再选择燃烧或者撕毁的方式结束，我的恐惧真的得到了一定程度的缓解。当我们不再受控于恐惧，再次回望我们的早年经历时，就会更理性，也会更勇敢。

第二，寻找父母婚姻的积极意义。

我们都有一种非黑即白的惯性思维，就是当我们觉得一件事情有不好的一面，就认同它全部是坏的，这样绝对化的思维正是把我们送进深渊的推手。比起绝对化思维，我们更应该拥有的是发散性思维，它能帮助我们从多个角度看待人和事。比如很多人喜欢阳光，认为下雨天特别讨厌，可是他们忘了，雨后的空气是最清新的。再说回到婚姻关系，很多人认为离婚以及父母的争吵，是婚姻最大的坏处，一旦它曾经出现在父母的婚姻里，就代表一切都很糟糕。这样就会忽略了婚姻其他方面的积极意义。

之前提到我父母以前的婚姻也不和谐，一来是两人在结婚前并没有感情基础，二来是两人因工作原因常年分居两地，缺乏交流，导致一见面就冲突不断。妈妈的碎碎念和爸爸的暴脾气，导致家里常年"硝烟弥漫"。然而，这一切并没有在我的婚姻里重复，因为我绕过父母的争吵，找到了他们婚姻里积极的地方，比如勇气。

两个没有任何感情基础的人，一度把家庭经营成了战场，但几十年过去了，他们谁都没有想过要离开这个家。这就是我看到的父母对婚姻的决心和勇气。或许他们也曾对彼此有失望，有怨恨，但每当争吵结束后，两人又回归同一个目标——把家庭经营下去。

正是因为我看到了这个婚姻中的最大的积极意义，即使我自己也在婚姻里经历过各种冲突，但从未认为这是婚姻难以为继的理由，我甚至有个信念，父母能够在那么艰难的情况下维系婚姻关系，我也一定可以。也就是因为这样，我得以走出了他们吵架、冲突的消极影响。

而我的好友美玲，她的父母很早就离婚了，又各自重组了家庭，她是和爷爷奶奶一起生活的，这对一个孩子的成长是有很大影响的。难得的是，她并不怨恨自己的父母，反而佩服父母当年果断结束婚姻的行为，她觉得与其将就着延续婚姻，互相折磨，不如尽早结束，两个人也都有机会再去寻找各自的幸福。

在美玲的内心深处，没有存留对婚姻的恐惧，也没有把父母离婚当成一种原罪，所以当她谈恋爱和结婚时，反而更加从容和稳定。"是啊，离婚都见过了，还有什么好畏惧的呢？"这是她常说的一句话。她把父母离婚看成一种魄力，又带着这种魄力去经营自己的婚姻。如今，她已经结婚八年了，一切都很美满。

第三，自我创造。

当我们释放了自己的恐惧，找出父母婚姻的积极意义之后，我们可以着手做的最有意思的事情就是去创造。我曾参加过萨提亚模式治疗师约翰·贝曼博士的工作坊，他对我们说："人的一生有四个阶段，第一个阶段是受苦，意即本人深陷痛苦无法自拔，亦不相信自己能够找到走出痛苦的方法和途径；第二阶段是求生存，通过很多不合理的应对方式，去对抗压力以及保护自己；第三阶段是掌控阶段，指的是个体无论遇到怎样的压力，都有信心以最好的姿态去应对，并且没有任何的恐惧和焦虑；最后一个阶段，是创造。"

所谓的创造阶段，和心理学家马斯洛提出的需求层次理论一致，当个体的生理需求、安全需求、社交需求和尊重需求都得到满足之后，就是自我实现的需求。从小生活在关系混乱或者冲突不断的家庭里的孩子，一定有一段受苦的经历，他们会用一些自己的方式来保护自己，慢慢地找到一些资源来摆脱痛苦，不再受负面情绪的掌控，最后就是去创造。

所谓的创造，就是在和父母真正做了心理分离以后，在自己的亲密关系里建构一些特别的东西，让自己的婚姻变得更加美满，并且是独一无二的。比如，我的父母很少一起出门，而我很愿意和先生一起出去散步、旅行、爬山；我的父母当年因为工作原因不能在一起生活，我就下定决心，无论如何都不可以两地分居。另外，我的父母因为当时文化和环境的因素，很少彼此夸赞和感谢，而我又反其道而行之，和先生默契地建立了互相表达欣赏和感激的习惯。

"刻意练习"其实也可以用在婚姻上面。加进来一个有用的资源，哪怕一个好的行为动作，我们可以和伴侣一起刻意练习，久而久之，这些就会成为专属于我们的婚姻里的资源。也因为这样，尽管父母当年的婚姻并不那么美好，但我却能够放下恐惧，找到其中积极的一面并发挥自己的创造力，慢慢地经营出了和父母完全不同的幸福婚姻。

拥有吸引力，从你变得自信开始

很多人觉得如果一个人外貌出众，那她就一定是自信的，反之则不然。这其实是我们将自信外化的习惯性思维，也就是说，自信有了一个普遍性的标准，一个人只有达到了这个标准，她才有可能是自信的。其实不然，所谓的自信，就是对自己有信心，对自我的一种肯定，是一个由自己说了算的心理动态。简单来说，不仅白雪公主有自信的本钱，灰姑娘也有自信的权利，只要她足够信任自己。而在实际生活中，他人对待你的态度更多的是受到你对自身信任程度的影响。

1.你在感情里吃的所有苦，都和你不够信任自己有关

原来只要我听到有人抱怨自己婚姻的遭遇，比如和老公吵

架了或者被老公冷落了，我都会心生怜悯，认为是命运不公，让这些人享受不到婚姻里的幸福，也会对那些男人有很深的成见，认为他们不够温柔，没有责任感，不能体谅妻子。然后，我会觉得如果那个受苦的女人换个老公也许就好了。但后来我发现事情不是这样的，有些人真的离婚或者分手了，然后积极地去寻找另一个看起来更适合自己的人，满怀期待地开始另一段感情的时候，结果发现还是和原来一样。于是，她们又重复了之前的境遇。

我有个读者 K 就是这样，她已经第三次结婚了，但是依旧跳不出痛苦的怪圈。她问我："是不是上辈子欠了这些男人，所以这辈子都是用来赎罪的？"

我对她说："你在之前的婚姻里受尽了折磨，怎么会马上又进入之后的感情呢？"

"那是因为我不服气，我希望结束以前的错误，然后遇到更好的人。"

她的模式是结婚—痛苦—离开—结婚—痛苦，她把这个过程看作在为自己和婚姻负责，然而我看到的却是另外两个字——逃离。就好比一个人刚毕业找到第一份工作，这份工作又苦又累，她忍受不了选择辞职，她认为世界那么大，工作机会那么多，肯定能够找到更加合适的。可当她找到了另一份工作以后，事情不仅繁杂，还经常被派到外地出差，因此她又选择辞职。她找到的第三份工作终于不那么辛苦了，结果碰上了一个瞎指挥的领导，她仍然不满意自己的工作。

在这个过程中，她之所以不停地辗转，都是在搏一个机会，也是在搏运气，这样的结果就是很容易感到失望。和上文中提到的读者K一样，他们都那么寄希望于运气，原因就在于不够相信自己有处理复杂事情的能力，不相信自己有办法让深陷困境的感情转危为安，更加不相信自己有魅力让伴侣重新燃起对自己的爱，这才是制造感情痛苦和逃离模式的真正原因。就是因为看不见自己的能力，才会把问题无限放大，然后又拼命地逃离。

2.如果你足够自信，会给你的感情带来什么局面

第一，不容易陷入受苦模式。

自信和不自信的人，有个很明显的区别，就是在遇到困难的时候，自信的人认为困难是暂时的，而不自信的人却认为这

是常态。如果一个不自信的人和丈夫吵架，她会受不了，因为她觉得只要吵了一次，就会有第二次，而她又痛恨吵架，她很有可能选择用离婚来解决问题。而自信的人会怎么处理呢？她会找到引发双方争吵的冲突点，然后通过沟通妥善地处理，最后让这个矛盾成为双方进行磨合的一次机会。

著名的学者杨绛说过，她和钱锺书在别人眼里是天作之合，其实这是世人的一种想当然的误读，他们也会看到彼此性格和习惯的差异，也会出现一些矛盾和冲突。这些不愉快之所以没有成为他们婚姻的阻碍，是因为他们都认为自己有能力处理好这些事情。对自己有信任感的人，无论陷入什么困境，都有能力自己应对，不会因此而对自己的感情有任何的抱怨。

第二，会给到对方欣赏和鼓励。

欣赏和鼓励是所有情感关系的润滑剂，甚至可以当作一种万能的沟通工具，适用于你在意的任何关系。然而，这恰恰正是自信和不自信的最大区别。一个信任自己的人通常也看得到别人的优点，会发自内心地表达欣赏和鼓励，而对方在得到这些欣赏和鼓励以后，会感觉到温暖，反过来也是一样。两个人的关系会因为这样的互动进入一种良性循环。

仍然以杨绛为例，她总是会发自内心地赞美钱锺书，说他学识渊博，是不可多得的人才，自己甘愿腾出时间来为他付出。身为丈夫的钱锺书在得到这些欣赏和支持以后，更加对杨绛心怀感激和爱意，最明显的表现就是，无论妻子做的饭是否可口，他都从不挑剔，并且吃得津津有味。

反之，当一个人看不到自己的优势，总是认为自己不够好的时候，他会把这种挑剔的眼光放到伴侣身上，认为对方一无是处，对方看待自己也是一样的感觉，会活得很焦虑，又很委屈。所以，如果你不能欣赏自己，你就无法欣赏别人，不懂得欣赏别人，你的关系就会变得困难。反之，只要你愿意欣赏自己，愿意信任自己的能力，无论你嫁给谁，你都有掌控这段关系的能力。

第三，更容易满足。

对于信任自己的人来说，还有个优势，就是容易满足。他们会尽己所能去打拼，同时，也能够忽略生活中难以避免的不完美。当一个人相信自己有经营生活的能力时，生活中自然就少了很多的纷扰，不需要攀比，也不需要过多物质的堆砌，就能够过上让自己满意的生活。而这样的心态，会给婚姻关系带来十分积极的影响。

很多人在婚姻里遇到困扰，通常更愿意向外寻求方法来处理。当然，有些方法的确会产生效果，但有效的作用并不能持续很长时间。我们需要看到自己内部的资源，其实这就是自信的力量。就像给花浇水一样，虽然你并不曾认真修剪枝叶，但它因为内在得到滋润而变得生机勃勃。

以扎克伯格的妻子普莉希拉·陈为例，她嫁给了世界上的顶级富豪，她有很高的学历，但是相貌并不出众，为此还曾引来很多的议论。但后来，大家都被她的笑容所折服，认定这个长相平凡的女孩内心蕴藏着巨大的能量。没错！就是自信，所以她无比迷人。当你对自己足够信任时，你的婚姻就如你所想，你的世界也会如你所愿。

Chapter **4**

治愈心伤，活出自己的万丈光芒

与原生家庭和解，是自我接纳的开始

天下没有完美的父母，你的父母无论多么谨慎，都难免会给你带来或多或少的伤害。所以，无论我们是否察觉，每个人的身上都会留下原生家庭的烙印。

以我自己为例，我身上的焦虑和紧张，以及过往很容易产生的愤怒，都与我童年的成长经历有关系。因为是超生，几次差点儿被引产，出生后几次差点儿被人抱走。这些都是我产生恐惧和焦虑感的原因。父亲很急躁，母亲时常感到焦虑，加上两个人经常在孩子面前激烈地争吵，这些导致我小时候特别小心谨慎，长大了就复制了父母的急躁和焦虑感。

刚学习心理学的那一年，我已经患有轻度的焦虑症，每天都很惶恐、紧张，并且经常失眠。我以为这些都是外部因素引起的，虽然有很多因素离我并不近，比如生活环境不够安全，包括食品安全、空气质量问题以及偶发的地震、洪水等。而且，我以为所有人都和我一样有这样的恐惧感。后来我才知道，这是我内在不够稳定的结果。而这种不稳定的状态，正是原生家庭带来的烙印。

1.排斥带来的反向强化

不知道你有没有这样的体验，当你不喜欢某个人或者某件事时，往往会频繁遇见它。而关于创伤经历带给我的影响，比如我的焦虑感和易怒情绪，我都有过很长时间的排斥，我甚至希望自己脱胎换骨，变得无比从容和淡定，可是我发现越是这样想，我的焦虑感和愤怒情绪出现得就越频繁。

我的一个朋友菁菁很反感自己的强迫症和洁癖，这已经给她造成了很多困扰。男朋友因为受不了她的洁癖选择了分手，朋友们因为害怕弄脏她的房间都不喜欢去她家里聚会，更无奈的是，她越是讲卫生，越是被细菌追着跑，不仅抵抗力很弱，皮肤还会经常起红疹。

而谈到问题的原因，她提到了自己的母亲。在她的印象里，母亲大部分时间都在洗东西、擦桌子、擦地板，厨房里连锅底都是一尘不染的。她童年里被妈妈批评都是因为不小心弄脏衣服或是地板，只要看到自己的劳动成果被破坏了，妈妈就会失控地吼叫，不仅要求她马上擦干净，还要打她的手心。所以，菁菁小时候很谨慎，别的孩子可以随意在家里攀爬跑跳，甚至把玩具到处乱扔，但她不可以，哪怕是一根头发掉在地上，也会被妈妈揪过去，把头发捡起来。

我问她："看起来你小时候就很痛苦，很受制约。那你后来怎样养成了和妈妈一样的习惯呢？"

菁菁无奈地说："其实我小时候就想着不要过这样的日子，我要和妈妈不一样。我试图一天不打扫卫生，试图把衣服堆在地上不管，但是我做不到，总感觉妈妈的声音在耳边催促着我。"

于是，她又赶紧打扫卫生，然后把衣服捡起来拿去清洗。菁菁和我一样，经历了很长时间的自我否定和自我排斥的过程。而且我们的一致感受是，我们越是恨自己的某个行为，越是去压抑它的发生，它越会频繁地发生，直到我们更加失控，继而又更加痛苦。

这就像一个对自己体重不满意的人，她一照镜子就指责自己："瞧你胖成什么样子了，还好意思吃那么多东西，从今天开始，你最好给我小心点儿，不要再放纵自己！"我们通常试图用这样的命令来控制自己的行为，以满足我们内在的需求。殊不知，我们的潜意识根本不接受这一套，你越是强调某个行为，它就越是反向强化这个行为。于是，不想轻易动怒的人变得更加愤怒，反感自己有洁癖的人变得更有洁癖了……

无论从量子力学的角度还是从潜意识的原理来说，当我们带着强烈的情绪去关注某个事件或是自身的某个特性时，这个事件和特性就被注入了某种能量，会变得更加强大。所以，过去几年，我最艰难的过程莫过于试图把原生家庭的某些烙印清除掉，我拼命抑制某个症状的发生，又拼命谴责自己抑制不了，于是我变得更加无所适从，更加焦虑难耐。

2.你不可能一边恨父母，一边爱自己

我们和自己建立关系的前提是先与父母建立关系，而和父母的关系的质量则会深深影响我们与自己的关系。所以，如果你因为过去遭遇很多来自家庭的创伤，就像菁菁那样，那些创伤带来的症状又给你的生活带来很大的困扰，那么你最大的本能，是会把父母当作问题的源头，然后产生很大的怨恨。

在怨恨的过程里，你还有一个期待，就是希望自己甩掉他们的习性，变得和他们彻底不同，以此来超越他们，走出痛苦。当然，结果一定是失败的，于是你对父母的怨恨升级，感受到的无助也更加强烈。因为恨是一种非常强烈的能量，这种能量会形成一种纠缠——与父母，也是与自己的纠缠。

你不可能一边恨着父母，一边爱着自己。当你始终带着创伤，对父母心怀怨恨的时候，你的创伤就无法愈合，你对自己也会产生持续的恨意。菁菁说她过去认为自己有很多理由去恨父母，毕竟被打过那么多次，压抑了那么多年，几乎没有放松和开怀的时光。但是后来她清楚地意识到，只要她在心里怨恨父母，她的肠胃就会难受，甚至会腹泻，她知道这是焦虑的反应，而焦虑的来源是她的内在并不享受这个恨的过程。

原生家庭所带来的创伤是我们个人成长的一部分，过去是无法改写的，也没有绝对的好坏。如果你试图去憎恨过去的经历，和它纠缠在一起，就是在抗拒自我，拒绝未来的可能。

3.和解是接纳的开始

我们经常听到"和解"这个词，有人会比较抗拒，觉得这是不顾自己的创伤，允许父母伤害自己的过程。其实不然，和解是指放下和接纳的过程。"放下"不是指对曾经发生的事情视而不见，而是一种承认，承认自己的生命里发生了那一切，承认自己有一段不完美的童年。而"接纳"是指像接纳我们生命本身那样，接纳我们同时携带着的由父母那里习得的那些习惯和模式。

我在知乎上看到过一个案例，一个男孩因为小时候是留守儿童，学会了抽烟、喝酒、打牌；长大后的酒瘾很大，导致社交和工作都出现问题。当他意识到自己的生活一塌糊涂的时候，他把怨恨都发泄到了父母身上，经常打电话骂自己的父母。在他进入戒酒中心时，说得最多的一句话就是："如果父母不抛下我不管不问，我根本不会这样。"

当有人问他："你每天这样骂父母有没有让自己变得舒服一点儿？你不断质疑你的童年，对戒酒有帮助吗？"他沉默了。在专业人士的协助下，他停止了辱骂父母的行为，也慢慢地摆脱了酒精依赖，最终，他回归了正常的生活。

可以回归正常生活是因为他明白了辱骂父母和怨恨过去的经历并不能让自己好过，而原谅父母和正视过去，才是成长和改变的开始。放下评价去看待过去，没有恐惧，没有怨恨，内心才能得到彻底的放松，也才能得到最彻底的疗愈。

我的好友菁菁，曾经一边怨恨父母，一边依赖安眠药入睡，非常痛苦。看着母亲仍旧为了天花板上的一点儿灰尘懊恼不已，她知道，母亲比自己更加痛苦。她开始试着原谅母亲，也开始正视自己的洁癖，并积极去做心理治疗。奇怪的是，当她不再强迫自己的时候，她发现母亲也开始改变了，虽然还是会讲卫生，但不会一整天都在家里打扫了，偶尔还会出去跳一跳广场舞。

正如家庭治疗中所呈现的一样，家庭是一个系统，系统中的一个人发生改变，也许会带来整个系统的新生。所以，如果你也有来自童年的创伤经历，也曾因此与父母、与自己对抗，不妨试着去接纳自己的过去，原谅父母，最终让心从痛苦中解脱出来，重新和父母建立连接，找回生命中纯粹的爱。

停止抱怨，给每件事情积极赋义

　　在之前的文章里，我曾经写到要远离习惯抱怨的人，因为时常听到他人的抱怨，会让自己也变得消极。而在此节中，我要讲如何让自己减少抱怨，做个积极正向的人。之所以要讲述这个内容，是因为我曾经就是个习惯抱怨的人。无论生活里的大事、小事，都会让我产生很多的抱怨，这导致我的生活方方面面都非常消极。

　　如今我已经基本脱离了抱怨的模式，所以我愿意用我的经验，给仍旧受控于抱怨模式的人一些启发。

　　我们首先要理解什么是抱怨。简单来说，抱怨就是不断举证外在错误的过程。比如，你总是抱怨老公不浪漫，说他像根木头，结果老公下班回家给你买了一束花，你又骂他太笨，只知道乱花钱。再比如，你一直抱怨公司离家太远，经常堵在路上让人很烦躁，后来自己家附近修了地铁，可是乘坐地铁的人很多，你又抱怨在车厢里简直要被人挤成"肉干"，不想再坐地铁。

以上都是关于琐事的抱怨，日常生活就是由一件件的琐事组成的，如果你"独具慧眼"，总能在第一时间看到任何一件事情的"阴暗面"，可以肯定的是，你的日子一定不好过。而对以下的"大宗事件"的抱怨，则可能让你人生的整个底色都变得灰暗：重要的考试没有考好，没有通过心仪公司的面试，父母离婚，疾病缠身，恋爱失败……

你怪自己的运气太差、老天不开眼，又或者干脆归结为命运不好，这属于心理学家海德的"认知归因理论"中的外归因。简单来说，就是一旦发生了不好的事情，就去找外部的原因来替自己开脱。很明显，这并不能真正地解决问题，只能徒增更多的怨气，而抱怨不能解决任何实际问题，只能让情绪变糟。

第一，让我们的情绪变得低迷。

相关研究表明：如果一个人每天抱怨的次数超过5次，他这一天的情绪就会变得低迷。更让人无奈的是，你遇到一件不好的事情，然后就开始疯狂抱怨，你将"吸引"更多的不好的事情，情绪也因此变得越来越糟糕。于是，你陷入了一个恶性循环。

第二，让我们的人际关系变差。

如果你是一个习惯抱怨的人，当你和别人一起做事结果失败的时候，你会很轻易地把责任甩给对方。举个很简单的例子，假如你请客人来家吃饭，伴侣负责买食材，你负责烹饪，结果做出来的菜不好吃，客人吃得很少，你就会抱怨伴侣，说是因为他买的东西不够好。

对方会有什么感受呢？第一次很可能会承认错误，第二次会忍气吞声，第三次就会毫不客气地反驳："是你自己做得难吃！你怎么就不知道反思一下自己的厨艺？"于是，你们的关系中就会充满了对彼此的抱怨和指责。和朋友、同事的关系也是一样，你在工作中每次遇到状况都抱怨是别人的问题的话，一定会招致他们的反感，继而选择远离你。

第三，让我们变得越来越弱小。

在人际关系里，如果你持续把抱怨当作防御和攻击别人的武器，那你很容易变得越来越孤独；而在事业发展方面，如果你每遇到一个困境就选择抱怨，那你面临的困境会越来越多，遇到的机会则会越来越少。另外，如果你把一切成功和失败都向外归因，就代表你认为凡事都不可控，任何努力和主观能动都是没有意义的，而因此采取得过且过的态度，最终一事无成。

曾经听过这样一句话：如果你看不到自己有应对问题的能力，你就会变成制造问题的机器。那么，如何才能从抱怨的模式中走出来呢？倒退十年，我也是一个习惯抱怨的人，导致自己的身体、工作和人际关系都受到了很大的影响，后来我通过一些方法，走出了抱怨的泥潭。

第一，从找错误到找亮点。

我们可以通过一个小游戏练习让自己减少抱怨，很简单，随手就可以做。先在两张相似的照片中找出不同之处，接着是在照片中找到亮点，也就是在普通的事物里找到一个特别之处，这可以算是生活的简单投射。我过去习惯抱怨的时候，最常做的就是找错误，通过很多不好的事情来证明自己真的是很倒霉，希望得到别人的同情。

想要改变这一点，就要用找亮点的方式代替找错误，试着花一些心思去发现生活中美好的事情，哪怕只是一些微不足道的小事。比如早上起来发现天气很晴朗，出门的时候没有堵车，午餐排队的时间比平常快了一点儿，这些都可以当成生活中的亮点。你可以从每天找到5个亮点，然后慢慢到找到10个，经过一段时间之后，你可以随时聚焦生活中的亮点，根据"吸引力法则"，未来肯定会有更多的亮点汇聚到你的生活中。

第二，看到每件事情的积极意义。

任何事都没有绝对的好坏，除了要学习发现身边的亮点来提振我们的情绪以外，我们还要学习一个技能，就是去发现每件事情中的积极的一面。比如，你出生在一个贫穷的家庭，这很可能会让你变得消极，认为是自己的命不好；然而如果你懂得积极赋义，你就会明白贫穷虽然不好，但首先它只是暂时的，同时也正因为贫穷，你才会更懂得努力和珍惜。再比如，你经历了几次恋爱失败，可以抱怨那些男人有眼无珠，或自己的运气太差，但其实还可以给自己积极赋义，你可以把这种经历当作遇到和你走到最后的那个人之前的考验。有了这样的心态，就可以更好地面对挫折和逆境，即使遇到再大的困难，你都会明白这只是黎明前的黑暗，不知不觉间也戒掉了抱怨。

第三，知道自己要什么。

经常抱怨的人其实有个很大的困扰，就是他们没有明确的目标。没有目标就容易放弃，而多次放弃以后，为了逃避责任，掩饰自己的惰性，就会选择抱怨。因此，要从抱怨模式中解脱出来，就需要找到自己的目标。小到每周目标，大到五年计划，再到自己的人生方向。史蒂芬·柯维在《高效能人士的七个习惯》里提到"以终为始"这个词，指的是我们要确立目标，然后围绕目标去做一切符合目标价值的事情。

因为对目标有深深的渴望，所以过程里的辛苦和困难就会显得微不足道。如果你想获得一个比赛的冠军，那么你就不能去抱怨训练的辛苦，也不能抱怨对手太厉害，唯一要做的就是让自己变得更强大。再举一个贴近生活的例子，如果你要得到一个大客户的订单——既可以有提成，又有可能升职加薪，那在这个过程里就不能抱怨客户难缠，加班太辛苦。

最后分享一下娟子的故事。娟子是我的一个朋友，她有个双胞胎姐姐叫小波。就是因为有截然不同的面对生活的方式，所以两个人的人生状态完全不一样。她们的父母是普通工人，家里经济状况不好。母亲经常抱怨钱不够用，抱怨亲朋好友看不起她的家。父亲面对母亲的诸多抱怨一直保持沉默。娟子的姐姐很像妈妈，上学的时候抱怨学校离家太远，抱怨自己的老师太严厉，读完初中就不再上学了。后来又早早地结了婚，丈夫和她们的父亲一样，也是个普通工人，姐姐"顺理成章"地重复了母亲的人生，时常抱怨自己生活不够富裕，当然也会抱怨老公挣不到钱。有了孩子以后，又开始抱怨养孩子太贵，孩子总是吵闹不听话，等等。

娟子则不同，正是因为从小就看着妈妈因为贫穷而抱怨，所以她暗暗告诉自己一定要努力学习，将来凭借自己的能力改变现在的生活。她上学时拼命地读书，后来她考到一线城市的一所大学，毕业之后找到了一份年薪很高的工作，不仅摆脱了原来贫穷的生活，也找到了和自己一样用积极向上的态度面对人生的伴侣。她成为父母的骄傲，母亲一直夸她比姐姐聪明，其实是娟子和姐姐在同样情况下给自己树立的目标不同。

类似娟子这样的例子还有很多。当我们不再把失败和成功归结为运气，把挫折和困难记到别人的账上，能够从每件事上看到亮点时，我们的目标会越来越清晰，态度也会越来越积极。这样，我们才会变成一个有目标、充满能量的人。

深度觉察：痛苦的根源来自某个灾难性的信念

　　和朋友聊天，经常会听到他说起现在很多人都有"情绪病"。朋友不是学心理学的，是学医的，医学上也认为情绪是身体疾病的重要原因。他也提到了"身心合一"，如果一个人没有健康、稳定的情绪，就很容易产生类似焦虑、抑郁这样的情绪困扰，身体也会因此出现各种急性或慢性的病症。他和我提到了一个自己的发现，当一个人长期饱受同一个疾病的困扰时，代表他长期饱受同一种情绪的困扰，这种情绪当然不是天生就有的，而是因为某个重要的想法是错的。

　　他和我说起自己的一个患者，一个生活很有规律的女人，也有很好的卫生习惯，但奇怪的是，她的妇科病总是反复影响她的生活。她用过很多抗生素去遏制炎症，但是于事无补，这让她感到非常焦虑。更麻烦的是，妇科病还没有治愈，她又出现了新问题——习惯性失眠。

针对她的病症，医生起初的判断是与环境不洁和自身的免疫力低有关，但依此诊断开的药在服用之后并没有让她的问题有所好转，反而让它有愈发严重的趋势。后来她到了我朋友的诊室，我朋友通过询问找到了症结。她有一个"坏习惯"，结婚之后，每天会清洗自己的下身很多次。就在这无数次清洗的过程中，她自身的抵抗力被削弱了，体内原本平衡的菌群失调了，由此引起了炎症并且反复发作。那么，她为什么会有这样的习惯呢？

这要追溯到她小时候的经历，父母在她六岁那年离异，母亲改嫁，父亲对母亲有很多怨恨，又因为她长得很像母亲，所以父亲对她非常冷淡。十四岁那年，有一天放学，她和男同学一起坐车回家，下车的时候，男同学扶了她一下，这一幕恰巧被父亲看见了。回家之后，父亲扇了她一个耳光，并且告诉她，随便和男人交往是很肮脏的，然后就命令她马上去洗澡。这件事之后，"肮脏"这两个字烙在了她的心里，这正是她不断清洗自己身体的原因。"我是肮脏的，和男人接触过是需要洗干净的"这个想法印在了她的脑海里，挥之不去。

结婚之后，清洗身体更变成了她生活里最重要的事情。知道了这一切以后，当她问起究竟用什么新药才能治好自己的炎症时，我的医生朋友只是告诉她，以后每天只洗一次澡就可以了。她不太敢相信，但还是照做了，没想到的是，她竟然真的慢慢恢复了健康。

这种事听起来有些不可思议，但类似的案例其实还有很多。在我的读者群里，有个女生恋爱过五次，都是被抛弃的结局，这让她非常痛苦，开始怀疑男人都是欺骗女人感情的，甚至怀疑自己注定是要孤独一生的。

我让她回顾五段爱情的全过程，并且找到相似的地方。她突然发现，在每任男朋友提出分手之前，自己都做了一件类似的事情，就是指责男友是个窝囊废，是个没有前途的人。对于男人来说，这种话可以算是致命的打击，所以，每任男朋友都选择主动离开了她。那么，她为什么要去诋毁这些男人呢？

这也要追溯到她的童年经历，因为她的父亲很早就去世了，母亲为了给她一个完整的家而选择再婚。但继父常年酗酒、打牌，根本不关心她们母女俩，母亲既要挣钱养家，还要忍受继父的脸色，日子过得很苦。因此，她在自己很小的时候就得出了一个结论，男人就是窝囊废，根本就不可靠。虽然长大后的她不断地谈恋爱，却也不停地失恋。究其原因，是她意识层面觉得结婚是必要的，是可以让母亲安心的，但在她的潜意识里又觉得男人是不可信的，是担不起家庭责任的。因为这样，每次都是她亲手毁掉和一个人共度一生的机会。

　　以上两个案例，都充分证明了美国著名的心理学家埃利斯的推论——决定一个人行为和情绪的是内在某个不合理的信念。令人无奈的是，大部分人在出现痛苦和困扰的时候并不知道这个原因，更不知道自己有哪些不合理的信念。那么，这种不合理的信念是如何形成的呢？

　　复旦大学哲学教师陈果曾在课堂上说："干扰我们的不是事物本身，而是我们对事物的看法。"每一个根深蒂固的信念都是来自我们早年在某个经历中得出的某个极端的看法。比如那个被父亲打耳光的女人，她通过父亲的责罚得出"自己是肮脏的"这个结论，为了避免遭老公的嫌弃，她不断地清洗自己。而另一个反复经历恋爱失败的女人，正是因为她从母亲对继父的态度里看到很多不满和失望，所以形成了"男人都是窝囊废"这个负面的信念。也就是因为这样的信念，她在长大之后一边努力恋爱，一边用这个信念摧毁着自己的爱情。

信念很多时候都是从早年经历里得出的，而这些经历通常是一些重大的事件，或者是一些在当时颇具影响力的事件。重点是，并不是这些事件本身在影响我们，而是我们对这些事件的总结和判断影响了我们。比如，你妈妈曾因为你成绩不理想骂你笨，你可能就认为自己真的很笨，在那之后你做任何事情都失去了努力进取的心。如果你认定自己是笨的，那一切的努力就都是徒劳的。结果就是自己原地踏步，眼睁睁看着别人通过努力过上理想的生活。

再举个例子，如果你总是看到父母吵架，吵完架之后的妈妈总躲在房间哭，你就会觉得吵架是不好的，任何吵架都会制造痛苦。长大之后，无论受到怎样的误解和指责，甚至是攻击，都会选择忍受；因为你在逃避争吵，但换来的是自己伤痕累累，痛苦不堪。

每个刚出生的孩子都是一张空白的画布，在成长过程中不停地积累对世界的了解和应对的经验，从而慢慢有了自己的心灵地图。而这个地图里最具影响力的一部分就是自己对过往事件所做出的理解、评判和定义，它们形成了影响每个人情绪和行为的信念。那么，该如何发现和改变负面信念呢？

当你为同一件事情或者同一种情绪所困扰时，比如你总是怕黑，总是失眠，总是不敢在人前说话等，你可以像剥洋葱似的问自己几个问题：

① 我从什么时候开始这样的？

② 当时发生了什么事情？

③ 我是怎样看待这个事情的？

通常来说，一种情绪或者困扰重复发生，可能是起因于某个过去事件，那么我们要通过几个问题，来联结过去，找到藏在冰山下面那个信念的核。在找到这个信念之后，我们可以通过几个步骤去释放它。

第一，告诉自己这个信念是你痛苦的来源。

痛苦是改变的动力。当我们发现自己的痛苦是由某个信念导致的，我们就有理由下定决心不再让这个信念继续带给我们困扰。每个改变都需要一个仪式，这个仪式就代表着我们的决心，所以当你要改变一个信念时，你可以把它写出来并告诉自己：我从此不需要你了。

第二，改写信念。

哪怕是有偏差的信念也未必对人产生完全负面的影响，我们不需要把不合理的信念当成敌人，而是可以把某个信念"修缮"一下，让它变得合理，并且服务于我们的生活。比如，你曾经把父母因为你的成绩骂你脑子笨的话绝对化吸收，你认同他们说的，学业和事业都受到了影响，自卑又难过。那你就需要改变这个信念，让自己明白父母当年说的话只是对你当时的学习成绩不满意，并不是在总结你整个人；只要努力让学习成绩变好，那你就是优秀的。另外，也可以回溯过去，找到父母曾经表扬你的记忆，证明自己并不笨，而是优秀的。

第三，重复练习。

一个信念伴随我们十几年甚至几十年，所以改变不可能在一朝一夕之间发生。当我们发现并且下决心改变这个信念时，就需要不断地提醒自己不要再坚持这个信念，然后树立一个积极合理的信念。

上文中提到的那个不断清洗身体的女性，在接受医生建议后每日递减清洗次数，并且告诉自己：卫生是重要的，但是重复清洗是不必要的。而那个认为男人都是窝囊废的女性则修正了信念，将其改为：有些男人的确是缺乏责任心，并且还有不良嗜好，但这始终不能代表所有男性。因此，她们都走出了消极信念的阴影。所以，如果你也一直被某些负面信念困扰，不妨按照以上步骤，去实践和改变，让自己的生活变得更加轻松和自由。

转换价值标签：请找出一百个爱自己的理由

　　世界上很多的痛苦和冲突都有同一个原因，那就是缺乏爱。我们通常会混淆爱和付出，所以，当我们希望自己爱别人的时候，我们通常会做两件事——给予物质和提供服务。比如，你爱你的孩子，你就会尽自己所能给他提供优越的物质条件，报很多兴趣班，经常和他一起出去旅行。你爱你的父母，你会经常给他们寄钱，给他们买东西。遗憾的是，他们感受不到你对他们的爱，说你根本不爱他们，根本不在乎他们。你觉得很崩溃，你感到自己的付出非但没有回报，还遭到了质疑，你很失落、很伤心，甚至很愤怒。

　　这是为什么呢？

　　首先的一个原因是，你给予的爱不是他们需要的爱。这听起来很矛盾，你的付出和无私的给予，为什么变成了无效的、不被认可的爱？因为他们看不到你在付出和给予的背后对他们的认可、接纳、允许和信任。所谓认可，就是告诉你你已经足够好，不需要做任何的改变；接纳就是我欣赏你的长处，也能包容你的不足；允许是让你按照自己的意愿去做喜欢的事情，并且允许你有犯错和改正错误的机会；最后是信任，无论此刻发生什么，无论你曾经做过什么，你都有能力过好这一生。

这些连续的心理反应构成了真正的爱。当我们用这样的方式去爱一个人时，哪怕你没能提供优渥的生活条件，对方也能感受到这份爱的能量。反之，如果你是在用物质和自己的付出来堆砌爱，又渴望对方能够回报同等的爱，那你很容易失望，也极易让对方怀疑你的爱。

还有一个原因是，你连自己都不爱。你既不认可自己是个完整的人，也不允许自己轻易做出改变；你既不能接纳自己的不足，也不允许自己犯错；你根本不相信自己具备过好这一生的能力。比如我的一个读者白雪，离过两次婚，长期陷于纠结和茫然的生活状态，心里仍旧期待婚姻，但又害怕重蹈覆辙。

我问她："你认为前两次婚姻的问题出在哪里呢？"

白雪说："他们看不见我的付出。"

谈及自己是如何付出的，她说家里内外的事情都是她来做，老公不仅心安理得地当着甩手掌柜，还对她没有半分感激，对此她感到愤怒而委屈。同样的相处模式，摧毁了她两段婚姻。

我问她："那你爱他们吗？"

她答道："当然爱啊，不然我为什么要做那么多？"

"除了做这些事情，你还用什么方式表达爱？"她说不出来了。我又问她："你爱自己吗？"

她想了很久才回答我："我也不知道，我只知道自己特别失败。"

这就是她的症结所在，她一直都不知道爱自己，不停地否定自己，却要求自己去好好爱别人，这是矛盾的，也是不可能实现的。我让她停止对自己的批评，说出自己值得被爱的地方。她根本不知道该说什么，我就换了一种方式，让她在纸上写出自己的十个优点。过了好久，她只写下了两个——勤劳和善良。

发生在白雪身上的这个现象其实是很普遍的，当我们不够爱自己的时候，让我们去爱别人，就会产生很多难以解决的问题。当然，我们是否懂得爱自己，源于我们的过往是否得到了足够多的接纳和爱。如果父母认可我们的价值，并不断强调我们的重要性，我们自然而然也会认同自己，认为自己是重要的而且有着独特的价值，只有这样才会在未来的日子里懂得持续用爱滋养自己。反之，如果你在童年里感受到的多是冷落、忽视、指责，甚至是辱骂，那么你很可能会质疑自己的价值，会认定自己是不值得被爱的，因此会像父母一样在心里不停地指责自己。很多不具备爱的能力的人就属于后者。

童年虽然是一个人的人生底色，但人生的颜色并非没有改变的可能。当我们意识到自己的问题是因为父母对我们的教育方式有问题的时候，就要及时做出修正，通过一次又一次的自我肯定和激励，让自己做出真正的改变，不再像从前一样。

第一，当你羡慕别人的时候，请先赞美自己。

当我们看不到自己的价值时，就很容易觉得别人都比自己优秀，看到他们身上的优点，不自觉地就会羡慕或是嫉妒，这些都是消极的心理暗示。其实，如果你仔细观察就会发现，那些很少羡慕或嫉妒别人的人，并非因为自己本身是完美的，只是因为他们认同自己身上优秀的部分，而从不盲目地去和别人比较。

无论什么时候，一旦你因为什么人和事心生羡慕或嫉妒之情时，马上让自己的思绪停下来，试着找出自己的三个优点并告诉自己：我很好，不需要和任何人比较。

第二，当他人肯定和表扬自己的时候，不要躲避，而是说"谢谢"。

我曾经在做体验治疗的时候，听我的咨询师说过这样一句话："看一个人是否认可自己，你表扬她一句就可以了。"如果她听到你的表扬，立即说"你别这么说，我没有那么好"或者"哪里哪里，你说的不是我"这样的话，就证明她不认可自己。一切的表扬和肯定，她都觉得自己不配拥有。反之，如果你无论夸她什么，她都笑着接受并大方说句"谢谢"，那她对自己就是足够认可的，你给她再多的表扬她也接得住，她觉得自己值得这样的评价。所以，如果你不够爱自己，可以从这个细节入手，下次再面对他人的表扬时，不要回避，报以微笑，并且礼貌地回应一声"谢谢"。久而久之，你的"配得感"就会提高了。

第三，列出三十条以上你的优点。

我曾经在线上课里给我的读者布置了一个任务，让他们写出自己的三十个优点，并大声朗读出来。结果到了交作业那天，大部分人都没有完成，不是他们偷懒，而是真的写不出来，这是让人心酸的一个现象。在我看来，他们每个人身上都有很多的优点，可他们就是看不见。在我的引导下，他们发现了自己的优点。在朗读的时候，我看到了每一个人脸上的笑容。其实这个过程就是自我觉察、重新定位的过程，过去我们被原生家庭定位，长大后，我们给自己重新定位也为时不晚。当你每天像捡贝壳似的看到自己的优点时，你的优点就会被放大，它会成为你的闪光点。不用在乎别人是否能看见，这股能量足以温暖和坚定你的信念。

第四，对着镜子练习说"我爱你"。

爱要大声说出来，因为声音能够进入我们的潜意识，也自带疗愈的作用。在我开始写作的那一年，我为很多微信公众号供稿，每个公众号的风格都不同，不仅需要每天写稿，还要花很多时间去修改稿件。每当我收到编辑发出的修改要求时，我就很沮丧，很烦恼。这很影响我的写作热情，也严重地打击了我的自信心。

后来，我开始做了如下练习：

每天早晨起床后，我都对着镜子问候自己："你好，今天又是美好的一天，祝你整天都有个好心情，工作上的一切都很顺利。我好爱你！"

每当我写的稿子可以发表的时候，我就会跑到镜子面前，对着自己大声喊一句："周周好棒！我爱你！"

当我沮丧的时候，我同样会跑到镜子面前，对自己说："我知道你现在很难过，很委屈，别害怕，有我陪伴你，我爱你！"

刚开始我也不习惯，但慢慢地，我会渴望和镜子里的自己对话，并且在每次对话之后，就心生喜悦和温暖。或许小时候并没有人对你说过这些，甚至有的父母一辈子都没有对孩子说过"我爱你"，但是没关系，你可以做自己的"理想父母"，把爱给到自己。镜子练习可以做到这一点。你对着镜子里的那个人，把他当成儿时的你，不停地鼓励他，并且给他最深的爱。渐渐地，你越来越能看到自己的价值，坚定地信任自己，而不再需要向任何人求证。

所以，当你在关系里受挫，经常收到身边人"不够爱"你的反馈时，请不要再责怪自己，先践行爱自己的步骤，找出自己越来越多的优点吧！我相信在这个过程中你会更加懂得如何去爱别人，未来的你一定会充满爱的力量，成为你身边人的一束阳光。

你的人生本就是由自己做主

如果一个人足够认同自己，能够看见自己的价值，他就知道如何在遭到攻击的时候保护自己，如何在失落的时候安抚自己。人们常说要善于奉献，要懂得照顾他人，其实这些都是道德层面的自我约束和身处社会中需要学会的自律。但如果分寸拿捏得不好，会导致自己漠视了本身的需要和真实感受，让我们的内在感到孤独和空虚，甚至是不安和委屈。没错，因为我们把自己抛弃了。如今，我们知道了在照顾他人之前的第一要务是要照顾自己，为自己奉献热情。

很多时候，我们只有过好自己的生活，才可以更好地帮助其他人。在绝大多数的关系里，"我"是那个最重要的部分。如果你忘记了"我"的存在，就很难获得快乐和幸福。那么，我们该如何做才能过上自己说了算的人生呢？

第一，从认同自己是独特和完整的开始。

这世间没有人是完美的，但每个人都是完整的。世界上没有两个完全相同的人，每个人都是独一无二的。单是这份独特就足够让我们感到骄傲和欣慰了。你过去对自己有诸多的挑剔和不满，其实都是因为忽视了自身的独特。

在很受欢迎的美剧《我们这一天》里面，从小就自卑的凯特一直在和自己的身体做斗争，每天都挣扎在吃与不吃的痛苦之中。为了减肥，她甚至想过要切除自己的一部分内脏，真可谓"无所不用其极"。在她看来，这是客观需要，夸张的体形会影响健康，会给自己的行动带来不便，还会让自己失去吸引力。

的确，如果她站在一个瘦子面前，那么体形一定是首先让她失去优势的硬伤。所以，她在青春期以后，生活的中心点就是减肥。直到有一天，哥哥看到她已经被体重的问题折磨得痛苦不堪。面对沮丧和无助的妹妹，哥哥说："你不是因为胖才对自己不满意的，而是不能接纳自己，才会嫌弃自己胖。"

凯特如梦初醒，这才意识到自己无论做成什么事，都很少会感到喜悦和兴奋，更不会自豪。相反，自己在某件事做得不够成功时，或者别人对自己有负面评价时，就会特别沮丧，这些都是不能接纳自己的表现。

我也曾有过一段真实的经历，和剧中的凯特很像。我的额头比较大，小时候一直是妈妈给我剪头发，她首先考虑的是要给我遮住额头，所以那时的我常年都是齐刘海。对此我有了一个结论——我的额头是丑的，不能示人的。长大以后不再是妈妈给我剪头发了，但为了遮住自己的额头，无论换多少家理发店，我的发型都和原来一样。我一度认为这是我对自身缺陷的掩盖和保护，在一次剪发的时候被理发师夸我的额头好看，才发现我一直都在排斥自己。当我意识到这个问题并且想通以后，我就释然了。我不再留齐刘海，而是大方地把额头露在外面，开始把我的大额头当成我区别于他人的一个标志，一个特点。

每个人都有一些自己曾经不够满意的地方，比如虎牙和雀斑之类的小问题，都被很多女生纳入缺陷的范畴，但这些其实都是你的独特之处，当你再试图去掩饰它们的时候，请停下来，把爱和欣赏的能量放到这些你不能正视的地方。

当我们真正接纳了自己的身体，也就代表我们接纳了我们整个人。《我们这一天》的凯特后来在减肥俱乐部认识了深爱她的老公，对方丝毫不介意她的体重，反而帮助她看到自己的很多优点。凯特开始相信自己是独特的，是值得被爱的。而这给她未来的生活创造了很多的可能性。

第二，坦然面对他人的评价。

当我们不愿接纳自己的时候，会同时产生期待和害怕的感觉，期待他人的夸奖和认可，害怕别人的批评和否定。比如，我过去最害怕别人盯着我的手和额头看。我的手很粗大，不像其他女生那样柔软和纤细，我总是喜欢把手放在身后，不让别人看见；另外就是额头，我坚持每天洗头是因为我要让柔顺的刘海完全遮盖额头。但实际生活中总会有些意外情况，比如有个人一定要和我握手；刘海被风吹开，额头暴露在外面。这些状况一旦出现，我所有为掩饰所谓"缺陷"所做的努力就都白费了，我会因此感到沮丧和难过，甚至更加讨厌自己。

后来经过很长的自我探索才发现，我不能接纳自己，又特别在意别人的评价才会如此被动和沮丧。所以我试着主动和别人握手并且把刘海梳到一边，完全不在乎别人怎么看我。很快我就发现，当我放下所有防备，开始坦然地接纳自己时，别人的评价也跟着改变了，他们从刚开始对我的额头感到惊讶，到后来说："大额头就是智慧的象征"。我终于知道，我并不需要改变什么，也不需要任何的遮掩，可以选择坦然地面对任何人的评价和审视。

第三，懂得拒绝。

懂得拒绝是要给自己确立一个边界，边界之内不允许任何人的侵犯和打扰，而边界之外则是你和其他人交流和沟通的安全区域。至于边界之内的禁忌是什么，全部由你自己说了算。就像我的一个老师，他在童年时吃过很多苦，因父亲做生意破产，他开始去不同的亲戚家轮流借住，总被亲戚家周围的孩子欺负，这让年少的他很难过。长大之后，他不希望任何人提及他十岁以前的经历，包括家庭的任何情况，只要有人提及，他就会礼貌地拒绝："对不起，我不希望回忆那部分，请你尊重我。"

再拿我的一个朋友举例，她的父母离婚后，母亲和别人一起去了美国，从此抛弃了她，杳无音讯。她对母亲怀有怨恨，在和别人交流的时候，她不会提及和母亲有关的任何事，甚至连美国这个国家都不想讨论。除了语言的禁区，还包括很多其他的方面。别人逼着你做你不擅长的事情或者占据你的空间做他们的事情，你都可以拒绝。拒绝的前提是，你感觉当对方提出请求的时候，你是不想接受的，甚至是有情绪的，那就意味着触犯到你的边界了，你当然可以用拒绝的方式来捍卫自己的边界。

当然，你或许担心这会让人远离你，觉得你不近人情。其实不然，所有人际交往的安全感，其实都建立在规则的适当约束之上，让他人知晓并遵守你的边界，然后在边界之外，你还可以分享其他的一切空间和时间。这样的结果，只会让你们的关系更加融洽。懂得拒绝，是让他人意识到你的重要性的里程碑，也是你在人际关系里减少冲突和委屈的必要桥梁。

第四，不随波逐流。

随波逐流是失去自我的表现，它意味着完全不信任自己，生活中最常见的一件小事就可以说明这种情况。看到某明星出席活动时穿了一件很好看的衣服，很多人都会跟风买，有句话说得好："均码的衣服不大不小，但永远都彰显不了你的个性。"无论是服饰打扮，还是兴趣爱好，都是一样的，不能随波逐流。

比如你原本喜欢听流行音乐，但听别人说听交响乐才能体现品位，你就硬逼着自己去听交响乐；你喜欢吃一些"重口味"的食物，结果听人说那样对皮肤不好，你就开始吃其他人认为健康的食物；你喜欢穿裙子，但有人说长裤更合适你，然后你就把自己的裙子全都收起来不再穿。这一系列因他人而改变自我的行为，都是在收敛自我特性和心理需求去适应他人审美和要求的表现，很容易迷失自己。最好的办法是让自己可以真正屏蔽掉别人的声音，更清晰地看待和满足自己的需要，无论吃穿住行都按照自己的喜好，不因为别人的意见而改变白己。

张德芬老师说："别人喜欢的不代表我们也要喜欢，别人适合的不一定适合我们，最贵的不一定是最好的。我们只需要追求一种精致，这种精致就是自由挑选自己最喜欢的，然后去享受它给你带来的舒适和快乐。"

我们当时刻记得，哪怕我们真的做错了什么，哪怕我们确实有一些不足，那也是在另一方面表明我们的独特。以这个为基础，你就不会在意别人过多的评价，也会勇敢拒绝他人不合理的请求，在这之后，你的人生会变得简单而快乐。

给意识"调频"，从过去和未来回到当下

　　埃克哈特·托利在《当下的力量》里写道："其实人类痛苦的根源总结起来只有一句话，'活在对过去的悔恨，以及对未来的担忧里'。"

　　人类有别于动物的一个特点是人类的思维和情绪非常活跃。思维俗称"念头"，有研究表明：人类一天可以涌现出上万个念头，只是有些念头是显性的，比如今天要吃什么、做什么，或是要去见什么人。这些都是我们主动思考的结果，也在主导着我们的物质生活。而另外一些是属于隐性的，比如脑子里莫名浮现过往受伤的经历、害怕的场景，或者世界不安全的镜像，甚至和伤害、背叛、死亡有关的种种片段。

　　有科学家说："在历经了无数的天灾、战争以及饥荒之后，

人类发展至今，看似越来越强大，但是在潜意识系统里，其实充满了不安全感。"这种意识就像DNA一样，一代又一代不停地复制，让每个试图乐观的人陷入意识迷宫，走不出来。

1. 意识里的过去，是制造愧疚感和仇恨的机器

研究人类大脑的科学家发现，人类的念头很多，而且绝大部分的念头都是带着恐惧、悲伤和焦虑情绪的。而其中一半的念头都受到过去"人生剧本"的影响。所谓过去，很多都是小时候被人嘲笑、指责、辱骂的经历，或是你误解了同学、伤害了恋人的经历。

这些其实都是人生中的历史性事件，本可以在记忆的长河里顺流而下，直到在我们的生命里不再发生作用，可是我们没能放过自己，我们选择了铭记。因为我们讨厌被嘲笑和指责，更讨厌被辱骂，我们会怨恨，而这些怨恨会积压，形成一股怒火，一直灼烧着我们的心。反过来说，当我们回忆到自己给他人制造的痛苦时，我们又很后悔，强烈的道德感驱使我们把它背负在自己的身上前行，日复一日地消耗着自己的能量。

所以，如果你认真检视自己的念头，就一定会发现，每当

自己陷入自责和愧疚情绪或是有满腔的恨意时，代表你正在受过去的牵绊和折磨。只要如此，就算你此刻躺在最高级的床上或者住进最豪华的宫殿，你也是无法获得幸福的，因为你的内心被它们占满了。

2.意识里的未来，是制造恐惧感和担忧的机器

很多人知道，我们在关系里，之所以出现那么多的控制欲和焦虑感，是因为我们背负了很多的恐惧感。而这个恐惧感就是从对未来的担忧中产生的，人类最擅长的事情就是做自己悲惨世界的编剧。比如，小时候自认为长得不够好看，你很担心因为这个找不到理想的伴侣；学习成绩不拔尖儿，你担心未来找不到一份好工作；或者你看到一些负面的社会新闻，哪里的餐馆出现食物中毒的情况，哪里常发生交通事故，然后你开始担心自己中招，不轻易在外面吃饭，也不轻易到处旅游了。凡此种种，都是自身的恐惧感在作怪。

如果把恐惧感比喻成墙壁，那么你内在的恐惧感越多，禁锢和限制你活动的墙也会越来越多，这会让你产生更多的压抑和无助感。另外，在受到恐惧感的胁迫以后，我们很容易开始

对身边人产生控制欲。特别常见的一种情况是父母对子女在一些事情上苦口婆心地劝说。

生活中有很多这样的情况，比如父母认为孩子穿得少会感冒，一旦感冒就可能发烧，甚至可能引起肺炎，为了不让这些事情发生，就拼命让孩子多穿。还有一种常见的情况是，父母认为不好好吃饭抵抗力会降低，抵抗力下降就会生病，所以就连哄带骗让孩子多吃点儿，哪怕孩子一点儿都不想再吃。更夸张的是，父母认为世界太乱，很危险，哪怕孩子再想远走高飞，也要把他留在自己的身边。

在意识层面，很多人认为这些就是最好的关心和爱护，因为父母已经提前替你安排好你要走的路，替你规避了风险。其实这只是在安抚自身的恐惧感而已。而诸如此类剥夺他人的自由，无视他人感受的行为，是典型的控制他人的行为，也是破坏关系的最大因素。而这一切，都来自人对未来莫名的恐惧感。

3.平和与喜悦只发生在当下

居士去找禅师请教获得幸福的秘诀，禅师告诉他：该吃饭就吃饭，该睡觉就睡觉，仅此而已。居士百思不得其解，希望禅师可以再做说明。禅师说："如果吃饭的时候后悔昨天的事，睡觉的时候又担心明天的事，无论给你什么秘诀，你都不会幸福的。反之，如果你吃饭只是单纯品尝美味的食物，睡觉只是体验被子和床单的触感，那么无论你过去发生什么事情，此刻都是可以感到幸福的。"

居士恍然大悟，这个故事也可以给我们一些启示。我们都觉得自己应该做一个有责任感的人，做一个有远见的人，要懂得未雨绸缪，但是我们的心一直在过去和未来之间摇摆不定，没能真正地活在当下。要改变这样的情况，我们需要做一些觉察和调整，摆脱"过去"和"未来"对自己的控制。

第一，深呼吸，最快连接当下的方法。

无论是在心理学、瑜伽里，还是在佛教的打坐里，深呼吸都是连接自己以及回到当下的最快的方法。每当我们的意识回到过去或者飞向未来，最理想的叫停方法就是马上做深呼吸。以我自己来说，我通常会深呼吸七至十次，呼气的时长是吸气的三倍；另外，我会闭上眼睛暗示自己，我正在把内在所有负面倾向的情绪呼出去，而把松弛、和谐的感觉吸收进来。这样既利用了深呼吸，又导入了积极暗示，就能够把我们从愧疚或者恐惧的意识里拉回来。

第二，适当的行为刺激，让自己回到当下。

在行为疗法中，有个小技巧值得我们运用。当我们要戒掉一个影响我们很久的习惯时，可以尝试这个办法：在手上戴一根橡皮筋，每当我们不受控制地想要做一件事的时候，就弹一下这根橡皮筋，提醒自己回到当下。当我们意识到自己是在沉湎于过去或者在担忧未来的时候，马上弹一下皮筋，适当的痛感会把我们拉回到现实生活中。

第三，描绘未来的蓝图。

大部分人对未来的恐惧感其实有一个很大的原因，就是不知道自己这一生追求的是什么。因此，如果我们要走出恐惧感的困扰，最好的办法是用一幅美好的蓝图给自己制造憧憬。

你需要认真地想一下，你想要的究竟是什么呢。健康的体魄，还是一段忠贞不渝的爱情，抑或是一份稳定的工作？

如果你有明确的目标，请写下来，并且为之做一个完整的计划，不断地去朗读和背诵它。我相信，当你在做这一切时，你的恐惧感已经不见了，取而代之的是正在燃烧的希望。

第四，培养兴趣，让自己专注在某件事情上。

很多经常产生焦虑和恐惧情绪的人，其实都缺少一样东西，就是可以让自己沉浸其中并可以感受到愉悦的兴趣。兴趣是滋养灵魂的工具，当你真的爱上一件事情时——哪怕是烹饪、健身、阅读、登山，什么都好——可以让你达到一个境界：心流。

心流的通俗解释就是让人沉浸其中、浑然忘我的心理状态，而且在结束的时候会毫无疲倦，只有喜悦。这是专注在当下的最佳境界。一个习惯于沉浸在负面思考中的人，很有必要去探索生命里的热爱，让它充实你的时间和大脑，甚至滋养到你的整个生命。

第五，相信自己。

要想跑得更快，就需要把过去的一切放下，并视之为最好的安排。这话说起来有一点儿"鸡汤"，但这确实是一种很好的生活态度。所有过去发生的事情，我们可以认定它是某种必然，而人生最重要的莫过于当下。你既用心去感受美好，又克服此刻的困难，你就全然成了自己人生的主人。而从这个时候开始，你再也不是过去的奴隶，也不是未来的逃兵，你只活在当下，你的未来将如你的蓝图所示，充满属于自己的光芒。

记忆回溯，做自己情绪的主人

人人都渴望自由和幸福，但很少有人可以轻而易举地拥有。原因之一就是我们会受到很多情绪的控制，比如愤怒、伤心、委屈、难过、郁闷等。试想一下，如果你每天的生活内容里反复出现这样的情绪，你离幸福的距离就会很远。而因为这些情绪的牵绊，你也就失去了掌控生活的自由。

所谓被情绪控制，从某种程度上来说就是被潜意识控制，潜意识掌管着我们早年所有的经历以及对过往经历的解读和评判。假如你经历过很多冲突，就会很容易愤怒；经历过抛弃或者分离，你就容易紧张和恐惧；经历过很多被打击和否定的时刻，你就很容易感到沮丧和羞愧。

当你受到这些情绪的影响时，很容易对自己有一种负面的评价：我就是一个对自己情绪掌控能力不够的人，我对自己的人生已经无能为力了。你的生活会因此丧失目标和方向。那有没有办法可以改变这一切呢？换句话说，有什么办法可以让我们减少被潜意识控制，减少降低我们生命能量的情绪发生呢？

接下来我可以提供几个让自己情绪平和的技巧：

第一，看见自己的情绪自动化模式。

童年有什么创伤经历，我们就会有什么情绪应对模式。而这个应对模式长年累月不被我们觉察和修正，慢慢就变成了我们内在的一个自动化的模式。比如，你一旦听到有人提到你的名字，就会很紧张，甚至很羞愧。因为小时候经常被人批评，你很害怕再次经历类似的事情，那么只要是同事或朋友在不经意间提到你的名字，你儿时不愉快的记忆就会被调动起来，而你的本能反应就是紧张和害怕。

再比如你不能面对任何争吵的情况，因为你早年见到父母争吵，你非常害怕，害怕他们分开后只剩下自己，害怕他们大打出手而伤害了彼此。你对争吵有很强的恐惧感，于是恐惧就成了你应对争吵场景的自动化情绪。

还有，你不能面对别人对你的忽视和冷落，不管是有意还是无意的，你都会感到委屈和愤怒。这是因为你小时候可能有过和父母分离或者受到冷落的经历。那样的经历被你解读为自己是不重要的，对此你感到非常愤怒。你很渴望自己成为一个被重视的人，你渴望他人能够对你的需求和感受做出回应。所以你对周围的人有很高的期待，一旦他们不能及时回应或者与你沟通，你的愤怒就会占据你的内心，冲突很容易发生。

这些应对事情的自动化情绪反应无时无刻不在产生影响，想要解决这样的问题，先要发现问题的本质。

第二，停止投射，修正对过往经历的解释。

我曾经很在意别人的评价，因为小时候父母经常会很严厉地批评我。当我后来回想起那些经历时，其实父母对我并非存有恶意，只是当时那个时代背景下，家庭教育的方式普遍就是把批评当作对孩子的鞭策。这种方式在某些孩子身上可以起到激励的正向作用，可对敏感的我来说却是一种伤害，会让我觉得自己是个没有用的人。

长大以后，我把这个观念也带到了其他关系里，听到有人提到我的名字，我就会感到紧张。我也曾经特别害怕争吵和冲突，哪怕是电视里的争吵，哪怕是路人甲乙在对骂，我都会感到莫名的恐惧。对此，我曾经的解释是因为我不喜欢热闹，我不关心其他人的事情。直到我在自己的亲密关系里发现了问题：无论我和先生有了多大的分歧，在即将爆发冲突之际，我都会用逃避的方式去应对。

我试图用沉默和转移的方式解决问题，这被对方解读为是逃避和冷暴力，让他更感愤怒。后来，当我想要彻底解决这样的问题，开始回溯过去的经历时，我找到了惧怕冲突的原因。因为小时候经历过父母争吵时的剑拔弩张，我认为那是对关系最大的伤害，所以我认为争吵和冲突就是关系的杀手。有了这个观点，我对冲突就有了本能的回避。所以，如果你对某件事或者某个场景有很强烈的感受，不妨再问问自己这几个问题：

① 我是从什么时候开始有这种情绪的？

② 当时发生了什么事情？

③ 我对这个事情是怎么理解的？

当你找到了这三个问题的答案，你就找到了自己的情绪自动化模式的根源，继而对自己的情绪有了更全面的了解，你对自己也开始有更好的接纳度。

第三，回溯，找到过往经历的正向能源。

心理学中有一种说法是，我们的记忆是不真实的，这种不真实的原因是我们会把自己对一些事件的看法和想象当成事实，这就非常容易产生一种风险，我们会形成一种以偏概全的认知偏差。比如，你小时候就见过父母吵架，这让你感到很恐惧，小小年纪的你，就认定父母吵架是最可怕的事情，你在心理上形成了一个结论——无论如何都不能和人吵架，不要在自己身上发生这么恐怖的事情。但吵架真的有那么可怕吗？

这其中，有来自事件的影响，更多的是我们被当时情绪所控制而做出的过度解读。

这个解读甚至会把父母大部分时间和谐的那一部分覆盖掉，导致你每次回忆起来，冲突似乎都是占主要地位的。因此，你需要做一个正向的回溯，绕开那些创伤的记忆，到记忆的其他部分，去找到更多正向的能源。当你不敢面对别人的批评，那就去回溯一下过往被人表扬和鼓励的经历，并且试着去调动起你当时积极愉快的感受；当你不敢面对冲突时，请你回溯一下早年父母在某些时间里是和谐恩爱的，你当时在这种氛围里是非常安全和幸福的，那么这个安全和幸福就是你当下面对冲突的勇气和信心；当你一旦受到冷落就勃然大怒时，你可以回溯一下分离和被忽视之外那些有人陪伴、被人回应的经历，哪怕这个陪伴者不是你的父母，而是其他关心你的人。关键在于，在被陪伴的过程里，你是感受到被爱的，是幸福的，那么这段陪伴的经历就成了内在的正向能源。

以上这些方法可以借助专业的心理咨询从业者来完成，也可以独自在一个安静的场所完成。

有很多人觉得自己过去那么苦，怎么可能有机会过得幸福呢？

这就是典型的把过往痛苦经历过度解读的结果。无论是谁，在成长过程中都会经历困难和挫折。但同时，我们之所以能够存活至今，还得益于更多正向、积极的成长能源。当我们想要获得自由和幸福，我们得带上"广角镜头"，回到过去看一看，除了那些让我们感到不安、恐惧、愤怒、委屈、伤心的熟悉场面以外，要更多地去关注曾经令我们愉悦、安全、甜蜜、放松的场景。让自己的意识像摄像头一样把这些场景拍摄下来，留存在记忆深处，并且通过不断重温的方式加以强化，你的情绪模式就会发生改变。你将不再一触即怒，也不会看到冲突就选择逃避，更不会因为他人提到你名字就感觉紧张和羞愧，你将会平和地面对这一切，做自己情绪的主人。

提升幸福感，关于爱的五种表达方式

如果人生有个首要任务的话，那一定是爱自己。因为一切关系的前提都是我们与自己的关系，如果你不够爱自己，就会出现很多问题，而这些都是造成我们与他人关系不和谐以及无法平和面对生活的负面能量。

本书前几章的内容讲述了如何接纳自己以及如何释放自己的愧疚感和自责情绪，这些都是在为爱自己奠定基础。而现在，我们需要有更实际的方式爱自己。很多时候，我们一边困惑烦恼，一边却把注意力全放在他人的世界。比如，一个读者总在纠结自己该不该离婚，咨询的目标是权衡离婚与不离婚的利弊。后来我们了解了她和丈夫的互动模式，我告诉她："如果你在婚姻里看到的都是对方，而看不到自己的话，对方感受到的不是爱，而是压力，他可能会因为愤怒而攻击你。"她恍然大悟，这才知道为什么她付出那么多，而丈夫却像个白眼儿狼一样对她十分冷漠。

　　我的另一个读者，四十岁了还在与父母纠缠，她只是要求父母给她私人空间，不要总是干涉她的生活。听起来是没什么问题的，但当了解到她和父母的关系时，我发现并不是父母在干涉她，是她主动吸引父母去关注她的。她四十岁了还没有结婚——当然，在这个时代，婚姻并不是必需品，但她经常熬夜又不准时吃饭，还经常在朋友圈宣泄自己负面的情绪，导致父母忧心忡忡，经常给她打电话，而父母的苦口婆心又让她特别反感。

　　当她咨询的目标是要如何与父母沟通，以让他们真正对自己放手时，我告诉她："或许你的头脑认为自己是个令人放心的人，但你的潜意识却是相反的。你有很多不良的生活习惯，而且没有用最恰当的方式宣泄情绪，这其实是你在吸引父母的注意，目标是为了寻求爱和关注。"听到我这样说，她才意识到自己身上存在的一直没有发现的问题。

　　是的，在我们受困于某种关系时，我们最本能的想法总是希望对方做出改变，当这个愿望不能马上实现时，我们就会采用迂回的方式，做些其他的事情来让对方做出改变。其实我们忽略了，我们最需要调整的是自己。外部的一切关系其实是我们与自己关系的投射，一味地想要改变别人往往是徒劳的，只有改变自己的内在模式，很多关系才会跟着改变。

评价一个人是不是足够爱自己，有一个"铁"的标准——看他是不是活在他人的世界里。所谓他人的世界，包括父母、兄弟姐妹、伴侣、孩子、同事、朋友，等等。我们每个人都会置身于这些关系交织成的网里，如果你不够爱自己，你就会被这张关系网困住，你的精力和时间也会因为这张无形的网而无止境地被消耗。原本你是这张关系网的主导者，但当你不够爱自己时，你就成了这张网中最被动、最不被重视的人。所以，我们来到了"如何爱自己"这个至关重要的部分，通过几个实际可行的方法，让"爱自己"成为一种习惯，最终改变我们的内在，那么我们之后所呈现出来的状态就是更健康的。我曾参加萨提亚家庭成长模式的课程，其中讲到"爱的五种语言"，我们可以用这"五种语言"来和他人建立更加亲密有效的联系。但现在，我们要将这"五种语言"馈赠给自己。

第一，为自己服务。

你是否经常对自己的父母、伴侣或是孩子抱怨，明明自己付出了很多，对方非但不感激，反而还要挑剔自己。其实这种抱怨似乎在说明你需要他们对你的行为做出正面的回应，但其实你是在指责自己为什么总是为他们服务，却没能享受到他们对自己的服务。

没错，当你一天到晚围着别人转时，这其实就属于"忘我"的表现，而"忘我"很多时候是委屈和愤怒的来源。所以，我们需要对此进行调整，将为他人默默奉献的姿态收回来，把焦点聚集在自己的身上，选择为自己服务，具体来说就是为自己做一些身边的小事。比如过去的你或许习惯为家人洗衣做饭，陪领导应酬时端茶送水，朋友一个电话就得逛街一整天这些为他人做的服务，未来我们就可以开始为自己做这些事情。

举一个生活中很常见的例子。如果你喜欢喝茶，但因为身边的人不喜欢而放弃过，那在家人喝饮料或是白开水的时候，你可以不被影响，给自己沏一杯茶，慢慢地享受，这并不会影响到他们。所以，当我们去审视过往为他人服务的过程，就会发现一个现象：当我们的目光总在追随他人时，就会自动忽视和屏蔽自己的很多喜好和需要。如果我们意识到这个问题，就可以开始为自己做些事情，重新与我们的兴趣爱好做连接，也会开始感到满足和幸福。

第二，用言语表达爱。

用言语表达爱是非常重要的，因为声音可以起到疗愈的作用。当我们把关注的焦点都放在其他人身上，向外索求爱和关注的时候，等于是认同我们自己没有力量可以好好爱自己。那我们就需要试着把这种外求向内收回，满足自己，让自己感到幸福。

当然，如果你需要途径，我可以提供几个方向：

① 每天早上起床后用言语对自己表达爱，睡前也一样。人的潜意识在这两个时间段里最为活跃，在这时给自己传达爱会更有效。

② 每次开心的时候，对自己表达爱。让自己开心是一种能力，我们要认可自己的这种能力，而肯定和欣赏是一种强化，强化过后，就会持续产生愉悦感。

③ 每次在伤心、难过的时候，也向自己表达爱。越是难过

和伤心的时候，越是需要给自己输送爱。这是给自己建立安全感以及自我疗愈的方式，即使感觉被全世界放弃，只要自己不放弃，就不可能是末日。如果你感觉到有任何负面情绪在冲击自己，请第一时间对自己表达爱，你的潜意识能感到安全，身体会渐渐恢复能量，你可以感到自己正在被疗愈。

④ 无论在成功还是失败的时候，都要对自己表达爱。任何人都有被人鼓舞和欣赏的需要，当自己在某件事上获得成功时，请一定要用"我爱你"来为自己喝彩；当自己觉得很失败的时候，也请你用"我爱你"来进行安慰。这些都是代表我们对自我的重视与关怀。

第三，和身体对话。

在萨提亚提出的"爱的五种语言"中，有一种是"身体接触"，由于这里的表达对象是自己，所以我们做一点调整，把身体接触改成与身体对话。感受是和身体联系在一起的，心灵受伤时，我们的身体也会有反应。我们需要和身体对话，来疗愈和安抚这些创伤。

第四，给自己送礼物。

送礼物是一种表达仪式感的行为。过去我们只知道在人际交往或和亲密的人互动时需要互赠礼物，却忘记了最值得收到礼物的那个人是自己。给自己送礼物与"购物狂"是不同的，"购物狂"在某种程度上来说是空虚和补偿的表现，而送礼物给自己，是一种爱的自然流露和表达。

也有人说，真正爱自己的人，生活都是很精致的。那到底什么是精致的生活呢？我觉得其中至少要包括一条，那就是购买以及享用自己最喜欢的东西。不是最贵的东西，也不是最流行的东西，而是自己最喜欢的。如果你最喜欢玫瑰花，哪怕其他花再鲜艳，再昂贵，也请你买玫瑰送给自己；你喜欢骑单车，即使你的朋友都开轿车，没关系，你就给自己买最喜欢的那款单车，自由地穿梭在你喜欢的街道和小路上；如果你喜欢银饰，哪怕其他人都以拥有钻石为贵，你也要去挑选最喜欢的银饰给自己戴上。

不要活在别人的眼睛里，自己喜欢什么就去努力得到它，好好爱自己。当衣食住行所需要的东西都经过自己的精挑细选，都是满足自己内在心意的，你就已经做到了对自己的接纳，并

　　且开始懂得宠爱自己。这个过程，会将自己打造得独一无二，也会持续制造爱与欢喜。

　　第五，陪伴自己。

　　每个人都有太多的社会角色，每个角色都要承担一份属于自己的责任，所以我们的时间和精力是被占据的。陪伴是我们这个时代最稀缺的，无论是在与他人的关系中，还是在与自己的关系中。

　　所有的疗愈都始于陪伴，而陪伴首先就需要时间。我们需要更加爱自己，最重要的一步是要舍得把时间花在自己的身上。哪怕是每天抽出一小时，只是坐下来静静地发会儿呆，然后喝杯茶；或者给自己做一顿饭，然后细心品尝；抑或出门散散步，看看沿途的风景。另外，最好可以试着每天做一次静心的冥想。这些都是培养自己的独立性以及告别过度依赖的过程。而且，愿意把宝贵的时间留给自己就是在认同自己是这个世界上配得上一切美好的人，这个过程本身也是滋养和宠爱自己。

　　当你时常对外在的关系感到无奈或者觉得自己不够好时，很有可能就是源于你的内在不够和谐和对自己的爱不够。现在，我郑重地邀请你去践行"爱的五种语言"，与自我重新联结，疗愈创伤，好好去爱自己。你会慢慢地发现，你的内心更加平和，你对任何关系都不会再感到紧张和焦虑。你改变了自己，你眼前的世界，也因为自己的改变而越来越美好。